티키타카 S2	50 로그: 타워 빌라 프로젝트 50 Logs : Tower Villa Project	권태훈 Taehoon Kwon
4	프롤로그: 연대기적 타워, 자전적 프로젝트 Prologue : Chronological Tower, Autobiographical Project	
8	그 빌라와 이 빌라 That Villa and This Villa	
10	우아한 시체 Exquisite Corpse	
12	세 개의 파스티치오 Three Pasticcios	
14	창의적이고 영감을 주는 병치: 존 소안 경의 박물관 Creative and Inspiring Juxtaposition : Sir John Soane's Museum	
16	부디 건축적 심각함에 삶 전체가 매몰되지 않기를 Please Do Not Let the Seriousness of Architecture Consume Your Entire Life	
18	푼크툼 Punctum	
20	50 로그 50 Logs	

10년 넘게 빌라에서 살았다. 그러면서도 줄곧 건축가가 설계한 집만이 '건축'이라 여겼다. 촌스러운 동네 빌라는 그 반대편에 위치한 저급한 건물이었고, 진정한 건축이 돋보이기 위한 비교 대상이거나 계몽되어야 할 존재일 뿐이었다. 이러한 이상과 현실의 간극은 모순된 삶을 통해 드러났다. 하루 종일 빌라 로톤다를 들여다보다가 한국 빌라가 가득한 동네로 퇴근하고, 바르셀로나 파빌리온의 오닉스 대리석 벽과 크롬 도금 기둥을 흠모하면서도 꽃무늬 벽지와 나무 무늬 장판이 깔린 한국 빌라에서 살아가는 것. 작업 중인 투시도엔 바르셀로나 의자를 그려 넣고, 사무실에서는 이케아 의자에 몸을 기대는 것. 그 불일치를 애써 외면한 채 일상을 이어간다. 내가 매일 마주하는 건물과 내가 하는 건축이 어긋나 있고, 내 삶과 일이 부조화를 이루며, 현실과 이상이 철저히 이원화되어 있다. 매일 그 양극을 오가며 오매불망 진정한 건축을 찾는 일은 어쩌면 무의미한 꿈일지도 모른다. 촌스러운 동네 빌라는 더 이상 부정할 수 없는 내 삶의 일부이고 내가 매일 마주하는 현실의 건축이었다.

프롤로그: 연대기적 타워, 자전적 프로젝트

스핀오프

하나의 작업을 진행하면서 다른 아이디어가 떠오른 경험이 누구나 있을 것이다. 가슴 뛰는 흥분 속에 당장 해야 할 일마저 손에 잡히지 않는 그런 순간 말이다. 생각이 곁가지를 치며 뻗어나가는 것은 순식간이다. 그러나 그 생각을 머릿속에서 끄집어내 마무리 짓기까지는 몇 년이 걸리기도 한다. 번뜩이는 아이디어를 실체화하는 것은 결국 시간인 셈이다. 『빌라 샷시』의 출판 작업이 한창이던 2019년 2월, '타워 빌라 프로젝트'의 시작도 그러했다. 책의 도판을 나열하다 우연히 마주한 이미지들의 조합은 나를 전혀 다른 성격의 작업으로 이끌었다. 이전의 작업이 현실을 관찰하고 기록한 다큐멘터리였다면, 타워 빌라 프로젝트는 그 현실을 기반으로 재구성한 소설에 가깝다. 실존했던 인물에 대한 가상적 기술처럼, 본편 영화에서 파생된 스핀오프 작품처럼 기존의 현실을 확장하며 다면적 해석으로 나아가는 방식이다.

간단한 콜라주로 시작한 작업이 본격적으로 발돋움할 수 있었던 것은 동네에서 우연히 마주친 한 빌라의 이름 덕분이다. 'OO 타워 빌라'. 전혀 다른 유형의 건물을 지칭하는 두 단어, 이들을 합친 복합어는 요즘 한국 아파트의 이름에 비해 그리 특별할 것이 없을지도 모른다. 하지만 가볍게 웃어넘길 수 없었던 것은 그 안에 담긴 '바람'들이 마음 깊이 와닿았기 때문이다. 이름만큼은 '타워'이고픈 건물주의 바람과 언젠가는 '타워'에 살고자 하는 세입자의 바람이 '타워 팰리스'와 대척점에 놓인 이 아이러니한 이름을 이해하도록 만들었다.

오닉스 대리석과 꽃무늬 벽지

타워 빌라 프로젝트는 내가 겪은 두 가지 첨예한 갈등을 반영하고 있다. 그중 첫 번째는 삶과 건축 사이의 불일치에서 비롯된 것이다. 거장의 작품집에서 본 '오닉스 대리석' 벽과 우리 집에서 마주하는 촌스러운 '꽃무늬 벽지' 사이에서 느끼는 거리감으로도 비유될 수 있겠다. 이 갈등은 건축이라는 나의 직능에서 비롯되는 탓에 더욱 예리하게 인식할 수밖에 없는 문제였다.

건축과 삶, 오닉스 대리석과 꽃무늬 벽지라는 두 세계 사이에서 겪는 부조화는 안타깝게도 해결책이 없었다. 건축에 몸담고 있지만 삶의 작은 환경조차 내 마음대로 할 수 없다는 현실, 고매한 건축 철학이 동네에서의 내 삶과 유리되어 있다는 느낌으로 두 세계는 늘 적당한 거리를 유지하며 평행선을 달렸다. 과연 이렇게 달려가는 것이 맞는가? 이 질문은 방향 없이 내달리던 자신을 멈춰 세웠고, 아무도 나를 찾지 않아 침잠하는 시간 속에서 나 자신과 건축을 되돌아보게 하였다. 삶과 건축 사이에서 무력하고 여지없이 패배했지만 동시에 그 틈새에서 타워 빌라 프로젝트가 움트고 있었음을 이제야 깨닫는다. 타워 빌라 프로젝트에는 한국의 다세대주택, 빌라라는 내 삶의 배경이 있다. 우리는 누구나 직능 뒤에 가려진 개인으로서의 삶이 있다. 단단한 갑옷 속에 감춰져 있지만, 실은 그 삶이야말로 자신을 지탱하고 있으며 작업의 밑바탕을 형성한다. 한때 그 갈등과 고민을 깨끗이 오려내려 했다. 삶의 치열함은 수면 아래 숨기고, 고고한 자세로 결과물만 드러내는 것이 프로다운 모습이라 생각했기 때문이다.

자신을 타자화하는 데 익숙한 건축가들은 그 타자성을 이용해 건축을 논리적이고 객관적으로 설명하려 하지만, 스스로가 만드는 건축에서 자신의 존재를 지우기란 실상 불가능에 가깝다. 만약 건축가의 존재가 지워진 무색무취한 건축이 옳다면, 굳이 내가 할 이유는 또 무엇일까. 꼭 내가 되어야 하는 이유는 내가 (타자가 아닌) 나이기 때문이다. 돌이켜보면, 타워 빌라 프로젝트는 건축이라는 형식을 빌려 나 자신과의 대화를 이어 나가기 위한 허구의 주체였다. 동시에 사회, 역사, 도시 같은 거대한 이야기들은 잠시 내려놓고, 나는 누구인지, 내가 생각하는 건축이 무엇인지 솔직하게 묻고 답하는 시간이었다. 건축이란 건물을 설계하고 짓는 것을 넘어, 사고의 과정이자 세상을 보고 이해하며 표현하는 하나의 방식이라고 생각하지만 그것의 실천은 또 다른 문제였다.

이 프로젝트는 낙선한 공모작이나 무산된 설계안에 '지어지지 않은 건축'이라는 지위를 부여하는 것과도 다르다. 나는 이 가상의 프로젝트를 통해 또 다른 방식의 건축을 확인하고 싶었다. 건축이 재해석의 매개체로서, 동시에 비판적 시각의 수단으로서의 가능성을

Prologue : Chronological Tower, Autobiographical Project

오닉스 대리석과 꽃무늬 벽지, 그리고 빌라 로톤다와 한국 빌라

찾고 싶었다. 궁극적으로는 '만질 수 없지만 굳건히 존재하는 건축' 말이다. 만약 그것이 불가능하다면, 지금의 이 모든 작업은 더는 '건축'이라 부를 수 없을 것이다.

빌라 로톤다와 한국 빌라

두 번째 갈등은 건축가로서의 정체성이었다. '빌라 로톤다'와 '한국 빌라'라는 두 세계, 즉 이론과 실천의 문제가 아니라, 한국인으로서 서구 건축을 학습한 나의 이중적 정체성에서 비롯된 것이었다. 물론 이런 정체성 갈등이 모든 이에게 동일하게 나타나는 것은 아닐 터이다. 한국에서 자라고, 한국에서 건축을 배우며, 한국에서 실무를 경험한, 소위 '뼛속까지 한국인'인 내가 겪는 이 정체성의 갈등을 과연 어떻게 설명할 수 있을까? 건축은 '문화'라 외치는 나와 건축은 '부동산'이라 말하는 주변 사람들 사이의 간극에 비유될 수 있다. 같은 땅에 살고 있지만, 우리는 공유할 수 없는 가치와 인식이 있었다. 나에게 그들은 계몽의 대상이었고, 그들에게 나는 현실 모르는 철부지였다. 서구 건축의 전통에 편입되지도 한국 현실에 뿌리내리지도 못한 나는 그 어디에도 온전히 속할 수 없는 이방인 같았다.

결국 '나를 어디에 위치시켜야 할 것인가?' 이 질문 앞에서 두 가지 선택지가 보였다. 하나는 현실과 무관하게 자신을 서구 건축의 위계에 편입시키며 살아가는 자기 기만이고, 다른 하나는 한국이라는 현실의 진흙탕 속에 발을 담그고 복잡한 미정형의 역사 속에서 씨름하는 것이었다. 나는 후자를 택했다. 익명의 건축가가 설계한 상업 건축물의 파사드에서 표면 유희에 그칠 수밖에 없었던 시대를

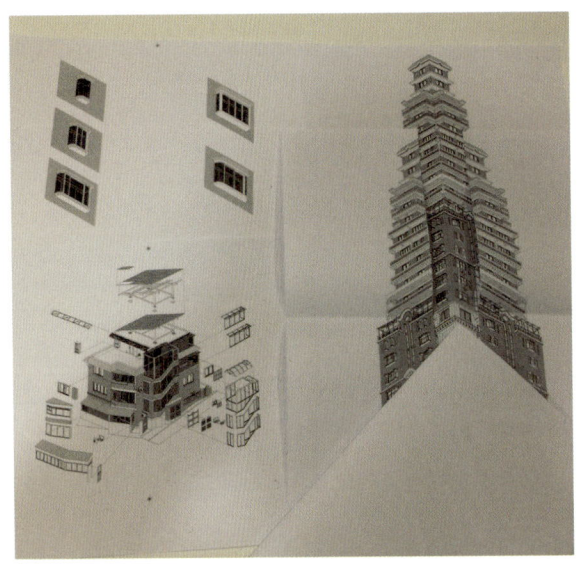 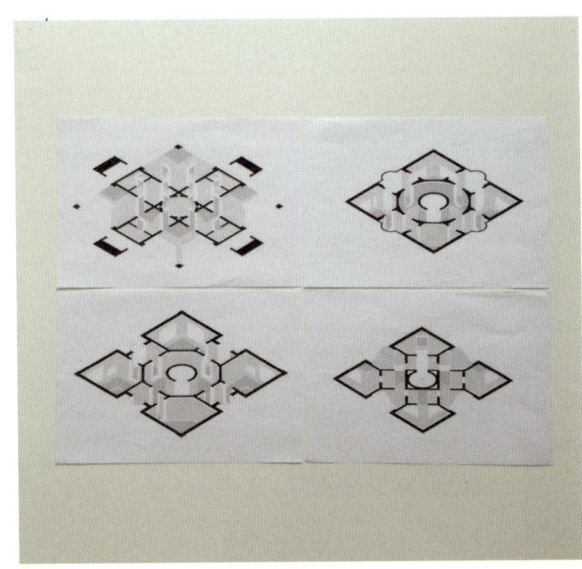

엿보고² 다세대주택에 덧댄 새시에서 삶의 형식이 건축의 형태로 굳어져 간 과정을 들여다보았다.³ 그 모든 관찰은, 어쩌면 한국이라는 이름의 진흙탕에 두 발을 딛기 위한 나의 어설픈 몸부림이었는지도 모른다. 그 과정에서 새로운 가능성도 발견했지만 자조에 가까운 깨달음도 얻었다. 원본을 흉내 내지만 결코 그와 같은 지위를 획득할 수 없다는 자기인식, 그리고 고전주의나 모더니즘이든 순수한 원형을 추구하는 것이 적어도 나에게는 유효하지 않다는 다소 비관적인 확신이었다.

그렇다면 '내가 위치해야 할 곳은 어디인가?' 진짜와 가짜의 구분이 모호한, 원본과 위본이 충돌하고, 둘이 뒤섞이되 하나로 용해되지 않는 상태, '빌라 로톤다'와 '한국 빌라'가 완벽한 하나가 되는 것이 아니라, 화해 불가능한 상태로 존재하는 그 지점이야말로 바로 내가 뿌리를 내려야 할 대지가 아닐까.

형식과 내용

이 책은 크게 두 부분으로 구성된다. 앞부분에는 타워 빌라 프로젝트를 진행하며 참고했던 여러 건축가와 예술가의 작품을 소개한다. 이와 같은 작업이 완전히 새로울 수는 없기에, 관심을 두다 보면 선례와 늘 마주하기 마련이다. 이 자리를 빌려 그들에게 진심으로 감사하며 내가 빚진 사실을 기꺼이 인정하고자 한다. 동시에 독자에게 해석의 단서를 제공하고 싶었다. 후반부는 타워 빌라 프로젝트를 중심으로 한 '로그'로 이루어진다. 가장 많은 시간을 들여 고민한 부분이 이 형식이었다. 형식은 내용의 중요성을 이끌어내고 강조하기에 동일한 내용을 완전히 새롭게도, 반대로 진부하게도 만든다. 그런 점에서 로그라는 형식은 타워 빌라 프로젝트를 가장 '티키타카'답게 보여주기 위해 고안된 틀이었다. 결과적으로, '타워'라는 단일 건축물은 '로그'라는 형식에 따라 조각조각 나뉘었다. 하나하나의 로그는 전체 과정을 보여주기도 하고 개별적인 사건들의 집합으로도 읽힌다. 이는 바로 형식이 지닌 힘 덕분이다.

혹자는 로그라는 제목에서 눈치챘겠지만, 이 책은 최종 결과물이 아닌 '과정'을 담고 있다. 그런 이유로, 도중에 태어나고 버려진 파편과도 같은 아이디어들이야말로 이 책의 진정한 주인공일지도 모른다. 마지막 페이지에서 완성된 타워가 등장할 것이라는 기대로 책을 펼친 누군가에게는 다소 실망스러운 소리일 것이다. 타워 빌라는 끝내 완성되지 못했다. '마무리 짓지 않고 그대로 두었다'라는 표현이 더 적확할 것이다. 이 프로젝트가 외관의 완성도를 목표로 삼지 않음을, 그것이 내가 다다르고자 했던 최종 목적지가 아님을 공감해 주는 이도 있으리라 믿는다. 고백하건대, 양날의 검처럼 로그 형식에는 득도 있고 실도 존재한다. 과정을 드러낸다는 것은 뒤엉킨 내 머릿속을 독자 앞에 그대로 열어 보여주는 것과 다름없다. 귀납과 연역, 즉 리서치와 디자인(또는 설계)이라는 두 단계 사이에서 발생하는 일종의 '끊김'을 고스란히 보여준다.

"두 단계는 기차가 깜깜한 터널을 지나가는 것과 같다. 터널에 들어가기 전 분리된 여러 조건과 변수들은 터널 밖으로 나올 때 하나가 된다. 하지만 터널 안에서 무엇이 벌어졌는지는 논리적으로 설명할 수 없다."4

나는 로그라는 형식에 맞춰, 기차가 터널을 지나간 과정을 재구성하기로 했다. 작업 단계마다 저장해 두었던 수십 개의 파일, 일종의 블랙박스를 열어 작업 내용과 날짜, 진행 단계 등을 되짚으며 각 과정이 전체 흐름에서 어떤 의미를 지니는지, 특히 의사결정 단계에서의 선택이 결과물에 어떤 영향을 미쳤는지를 살펴보았다. 어느 정도 예상은 했지만 과정은 결코 선형적이지도 논리적이지도 않았다. 부끄럽게도, 과정을 복기할 때마다 끊어진 단계 사이를 어떻게든 잇고 싶은 욕심과도 마주해야 했다. 급기야 완전히 새로 작업하고 싶은 마음까지 들자 나는 멈출 수밖에 없었다. 결과물이 전혀 다른 방향으로 흘러갈 것이 분명했기 때문이다.

타워를 미완성으로 둘 수밖에 없었던 또 다른 이유가 있다. 고층부를 마무리 짓고 나면 저층부에 대한 새로운 아이디어가 떠올랐고, 저층부로 내려가 손보고 있을 때면 어김없이 중층부에 대한 또 다른 아이디어가 떠올랐다. 타워라는 건축 유형의 길고 연속적인 특성은 고정된 한 시점에서 작업을 완성하려는 모든 노력을 무효화했다. 결국 타워는 완결되지 못하고 순환의 쳇바퀴를 돌다 멈췄다.

마지막으로, 이 책에 담긴 사진 대부분은 일면식도 없는 누군가를 향하는 SNS에 공유하기 위해 찍어 두었지만, 소심한 탓에 올리지 않은 것들이다. 또한 80쪽으로 한정된 지면에 많은 도면을 욱여넣거나 디테일을 상세하게 보여주기보다는 작업 폴더에 담긴 채 사라질지도 모를 '불완전한 것들'의 분위기를 담아내기 위해 선택된 것이다. 끝 페이지에 담긴 벽지, 모니터 스크린, 그 위로 떨어지는 스탠드 조명은 끊어질 듯 끊이지 않고 이어져 온 지난 몇 년 간의 지난한 과정을 조용히 증언한다. 그런 의미에서 이 책은 또 하나의 다큐멘터리인 셈이다.

1
미스 반 데어 로에가 1929년 바르셀로나 만국박람회를 위해 설계한 독일관 내부의 붉은 대리석 벽. 이 책에서는 상당히 고급스러운 재료를 대표하여 쓰인다.

2
권태훈, 황효철, 『파사드 서울』, 아키트윈스, 2017.

3
권태훈, 『빌라 샷시』, 드로잉 리서치, 2020.

4
라파엘 모네오가 '유형론에 관하여'(On Typology, Oppositions, 1978)에서 캥시와 아르간의 유형학 이론을 빌려 '특정한 형태의 규칙성을 비교하고 중첩하는 순간'과 '형태를 결정하는 순간'이 끊어져 있다고 한 것을 건축학자 김성홍은 기차가 터널을 지나가는 데 비유했다(『서울 해법』, 274쪽, 현암사, 2020.).

그 빌라와 이 빌라

'그 빌라' Villa Rotonda, Vicenza, Italy. ©Stefan Bauer(wikicommons), 2025.1.20. https://commons.wikimedia.org/wiki/File:Villa_Rotonda_front.jpg

대한민국 건축 전공자에게 '빌라'라는 단어가 갖는 의미는 늘 양의적이다. 상황에 따라 완전히 다른 대상을 지칭하기 때문이다. 가령, 서양 건축사 수업에서 빌라가 나온다면, 이는 예외 없이 빌라 로톤다로 대표되는 서양 건축의 고전을 뜻할 것이다. 빌라라는 말에 반사적으로 특정 이름이 입안에서 맴도는 것은 오랜 학습의 결과다. 반면 건축사사무소의 프로젝트 회의에서 빌라를 말한다면, 이는 대부분 다세대주택을 뜻한다. 같은 단어가 전혀 다른 것을 가리키는 셈이다. 그 반대의 경우도 있다. 학교에서 한국의 현대 주거 유형을 연구주제 삼아 빌라를 분석하거나, 회사에서 프로젝트를 진행하며 빌라 로톤다를 참조 대상으로 언급하는 경우처럼 말이다. 그러나 이 말을 일상 언어로 옮겨오는 순간, 그러니까 빌라를 건축이 아닌 일상생활로 가지고 오면 그 양의성은 금세 사라져 버린다. 빌라라는 단어의 양의성은 오직 건축이라는 전문 직종 안에서만 유효한 경향을 보인다.

그렇다면 여기서 엉뚱한 질문 하나. 늘 선택적으로 사용되는 '그 빌라'와 '이 빌라'를 한자리에서 함께 이야기하는 일이 과연 있을까? 이름 외엔 별다른 공통점이 없는 이 둘을 한 테이블 위에 올려놓고 이야기할 수 있을까? 그 일이 얼마나 어색하고 혼란스러울지 상상해 보자. 예를 들어, 동네 부동산 중개인과 얼마 전 새로 지어진 빌라에 대해 이야기하는 상황을 떠올려 보자. 주인은 어떤 사람이며 공사 중에 어떤 심각한 민원이 있었는지, 방과 화장실은 몇 개며 시세는 어느 정도인지, 묻지도 않은 시시콜콜한 것까지 설명하는 중개인의 이야기를 듣고 있다. 그러다 돌연 화제를 빌라 로톤다로 돌린다면 어떻게 될까? 정식 명칭은 무엇이며 왜 로톤다라고 불리는지, 중앙 집중형 평면과 함께 입면이 갖는 의미는 무엇인지, 팔라디오라는 건축가가 이 작품에서 실현하고자 한 이상은 무엇이었는지, 이런 이야기를

That Villa and This Villa

'이 빌라' 신일 빌라, 한국 서울 역삼동.

꺼낸다면 중개인은 눈을 크게 뜨며 당황해할지도 모른다.

　이처럼 동일한 단어가 문화적 맥락에 따라 전혀 다른 대상을 가리킬 때, 그 양의성을 시각적 언어로 드러낼 수는 없을까? 빌라라는 공통된 단어를 매개로 완전히 다른 두 세계를 버무린다면, 어떤 결과를 낳게 될까? 타워 빌라 프로젝트는 이러한 의문에서 시작되었다.

우아한 시체

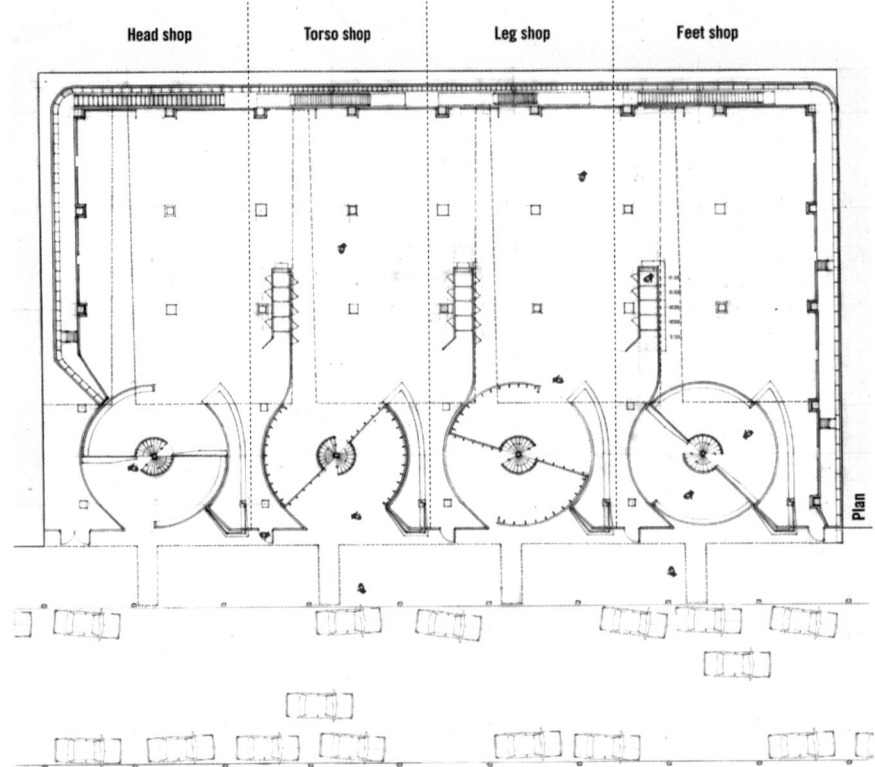

LTL Architects, Exquisite Corpse Clothing Store, 1998. ©LTL Architects

한국에는 아직 생소한 놀이가 하나 있다. 다소 기괴한 이름의 이 놀이는 바로 '우아한 시체'다. 진행 방식은 이렇다. 먼저 종이를 삼등분해 접는다. 첫 번째 사람이 머리를 그린 뒤 다음 사람이 볼 수 없게끔 접는다. 이어 두 번째 사람이 몸통을, 세 번째 사람이 다리를 그려 넣는다. 종이를 펼치면, 각기 다른 세 사람이 그린 몸의 세 부분이 이어져 전혀 새로운 그림이 완성된다.

이 놀이는 1920년대 초현실주의자들이 고안한 것인데, 이들이 남긴 문장 "우아한 시체가 새로운 와인을 마실 것이다"에서 놀이의 이름이 유래한다고 한다.[5] 본래는 단어나 문장을 잇는 언어적 놀이였으나, 그림 그리기, 특히 콜라주 기법과 결합하여 폭넓게 확장되었다. 'Exquisite Corpse'를 인터넷에 검색하면 그러한 결과물들을 다양하게 볼 수 있다. 어린이의 알록달록한 그림부터 예술가의 기괴하고 정교한 드로잉까지 다양한 이미지들이 넘쳐난다. 건축 분야에서도 이러한 놀이 방식은 꽤 유효해 보이는데, 해외 건축 학교의 스튜디오에서 건축과 도시에 이 기법을 적용시켜 탐구한 작업을 어렵지 않게 접할 수 있다. 이질적인 것들의 결합, 즉 콜라주나 몽타주를 통해 예기치 않은 결과를 도출하는 데 '우아한 시체'가 효과적인 도구로 활용된다.

결과물이 갖는 시각적 독특함보다 개념적 구조에 주목한 사례도 있다. 뉴욕의 엘티엘 아키텍츠는 'Exquisite Corpse Clothing Store'(1988)라는 프로젝트에서 이 놀이의 '신체 분할' 논리를 의류 매장

[5]
"Le cadavre exquis boira le vin nouveau" / https://en.wikipedia.org/wiki/Exquisite_corpse

[6]
LTL Architects, Situation Normal, pp.26-31, *Pamphlet Architecture* 21, Princeton Architectural Press, 1998.

Exquisite Corpse

OBRA Architects, Exquisite Corpse Installation, 2016. ©Jan Bitter

설계에 적용했다.[6] 신발, 바지, 셔츠와 재킷, 모자 등의 네 개 매장은 각각 독립적인 진입이 가능하면서도 서로 연결된다. 엘티엘 아키텍츠의 작업은 전통적인 '단면 조합'의 시각적 효과에 머무르지 않고, 프로그램적 구조를 평면에 드러냈다는 점에서 주목할 만하다.

오브라 아키텍츠의 2016년 전시[7]도 '우아한 시체'를 독창적으로 해석했다. 이들은 프로젝트 관련 스케치 노트를 낱장으로 분해해 의도된 순서 없이 나열했다. 일반적으로 스케치 노트는 개인적인 기록이지만, 사고의 흐름을 보여주는 순서가 제거될 때 하나의 독립적인 기록물로서 의미를 지닌다고 말한다. 이들이 전시를 통해 드러내고자 한 '모두가 건축의 공동 저자'라는 메시지는 건축이 특정한 스튜디오에서 이루어지는 집단 활동일 뿐만 아니라, 건축을 둘러싼 공동체의 암묵적인 지지와 수용성을 반영하는 작업이란 점을 이야기한다.[8]

나는 이 단어가 건축에서 언제 처음 사용되었는지 궁금해졌다. 그러던 중 건축가이자 비평가인 마이클 소킨이 쓴 동일한 제목의 책을 발견했다. 그는 서문에서 "이 게임은 도시를 이미지로써 가장 정확하게 설명한다."라고 말한다. 도시는 우연한 방식으로 형성되며 제어할 수 없는 집합적 유물이란 점에서 '우아한 시체'와 닮아 있다는 것이다.[9] 그에게 이 개념은 형태 논리나 미학을 넘어 건축과 사회의 관계, 건축의 사회적 역할, 건축의 비판적 역할로 확장된다는 점에서 특별한 영향력을 발휘하고 있다.

7
OBRA Architects, Exquisite Corpse Installation, Berlin, Germany, 2016.

8
https://divisare.com/projects/386137-obra-architects-jan-bitter-exquisite-corpse

9
Michael Sorkin, *Exquisite Corpse: Writing on Buildings*, p.5, Verso Books, 1994.

세 개의 파스티치오

Caruso St John Architects, Pasticcio, 2012 Venice Architecture Biennale, ©Caruso St John Architects

'파스티치오'는 원래 이탈리아어로 다양한 재료를 섞은 속이 들어간 파이를 말한다. 독특하게도 이 단어는 요리가 아닌 타 예술 장르에서도 자주 등장하는데, 파스티치오의 프랑스식 차용어인 '파스티시(Pastiche)'와 함께 여러 작품의 요소를 혼합한 예술적 절충주의의 한 형태를 지칭하는 말로 정착되었다. 패러디(Parody)가 모방 대상을 조롱하는 방식이라면, 파스티시는 존중이 밑바탕에 깔린다는 점에서 둘은 엄연히 구분된다.

파스티치오라는 단어는 유럽 건축가들의 작업에서도 자주 엿보인다. 추정컨대, 최초의 건축적 파스티치오는 18세기 영국의 건축가이자 왕립 아카데미 건축학 교수였던 존 소안 경이 개인 박물관 뒷마당에 세운 작품일 것이다. 존 소안의 파스티치오는 다양한 시대와 양식의 건축 조각들을 하나로 조합한 토템 기둥으로, 리처드 보일의 치즈윅 하우스에서 가져온 '팔라디안 스타일' 원형 주초, 알람브라궁전에서 가져온 '이슬람 양식'의 주두, 헨리 홀랜드의 집에서 가져온 '신고전주의' 장식 조각, 존 소안이 영국 은행에서 사용한 디자인의 복제본인 '코린트 양식' 주두, 로체스터 대성당에서 가져온 '노르만 양식'의 주두, '이오니아 양식' 주초, 그리고 이 모든 것 위에 존 소안이 디자인한 부조인 '산업혁명'을 대표하는 주철 조각이 올려져 있다.[10]

두 번째 파스티치오는 2012년 베니스 건축 비엔날레에서 애덤 카루소와 피터 세인트존이 기획한 전시다. 전시 제목은 말 그대로 '파스티치오'다. 전시 소개 글에 의하면,[11] 초대된 일곱 명의 건축가[12]는 건축의 언어와 역사에 대해 고민하고 작업을 통해 실천하고자 하는 공통분모를 갖는다. 이 전시는 '세계화로 인해 건축의 친밀감이 상실되었다'는 비판적 견지에서 모더니즘 이전의 건축과 연속성을 제안하는데,[13] 참여 건축가들은 서로 다른 맥락의 역사적 건축에서 가져온 이미지와 아이디어에 뿌리를 두고, 그것을 새로운 맥락에 맞게 해석하고 변형하는 과정을 거치며 자신의 작업을 전개해 나간다. 아울러 건축가들 각자가 참조한 이미지가 함께 전시되었는데 이는 서로 다른 국적, 다양한 세대의 건축가들을 연결하는 공통의 실마리와 문화적 기반으로 확인되었다. 다양한 재료와 레시피로 변형 가능한(이미

10
Viewfinder : Soane's Pasticcio, Telegraph, 22 November, 2004.

11
Codes & Continuities, *OASE* #92, pp.146-149.

12
BIQ stadsontwerp bv, Bovenbouw Architectuur, Hermann Czech, Hild und K, Knapkiewicz Fickert, and Märkli Architekt.

13
애덤 카루소와 피터 세인트존은 모더니즘을 배제하기 보다는 참조를 위한 하나의 과거로 인정한다. / Codes & Continuities, *OASE* #92, p.146.

14
카루소 세인트 존 아키텍츠는 2012년 베니스 건축 비엔날레가 시작되기 전, 이미 존 소안 경의 박물관 리노베이션 작업(2009~2012)을 진행하고 있었다.

Three Pasticcios

Sam Jacob Studio, Chicago Pasticcio, 2017 Chicago Biennale, ©Sam Jacob Studio

변형된) 요리 파스티치오를 전시 제목으로 붙인 것은 꽤 적절한 선택이었다고 할 수 있다.[14][15]

    세 번째 파스티치오는 2017년 시카고 건축 비엔날레에서 샘 제이콥 스튜디오가 선보인 가상의 타워다. 이 작품은 한 부지에 두 역사적 건축물을 차용했다는 점에서 흥미롭다. 1922년 '시카고 트리뷴 타워' 공모전에 출품된 아돌프 로스의 안, 그리고 존 하웰스와 레이먼드 후드가 설계한 실제 시카고 트리뷴 타워, 그뿐만 아니라 건축사적으로 의미 있거나 시선을 끄는 다양한 건축물의 조각을 함께 쌓아 올렸다. 샘 제이콥은 이를 '우아한 시체의 건축화'로 설명한다. 그의 말처럼 역사적 조각들을 재배치하여 전혀 새로운 것을 창조해 내는 건축적 가능성을 보여준다.

15
건축가이자 시각 예술가인 마크 핌롯의 사진 작업 '파스티치오: 20세기 벨기에 건축의 혼성(Pasticcio: A Medley of Twentieth-Century Belgian Architecture)'도 있다. / Codes & Continuities, *OASE* #92, pp.162–168.

창의적이고 영감을 주는 병치: 존 소안 경의 박물관

18세기 영국 건축가 존 소안 경의 건축적 성과와 업적은 그가 설계한 건축물에만 국한되지 않는다. 그는 평생 그림, 조각품, 건축 모형, 도면, 서적, 가구 등을 수집하여 결국 자신의 집을 건축학도들을 위한 박물관으로 만들었다.[16]

벽과 천장이 보이지 않을 정도로 수집품들이 빼곡하게 걸린 존 소안의 방은 마치 혼란스럽고 비밀스러운 보물 창고를 연상시킨다. 그는 이 수집품들을 단순히 시대나 종류별로 분류하지 않고 자신만의 독특한 방식으로 전시했다.[17] 무엇보다 인상적인 점은 수집품들 간의 '창의적이고 영감을 주는 병치'를 통해 새로운 영감을 얻을 수 있도록 끊임없이 수집품을 정리하고 재배치했다는 사실이다. 이러한 작업이 미칠 수 있는 영향에 대해 알고 그는 있었다.

존 소안 경의 박물관을 보면 몇 해 전 건축가 애덤 카루소가 들려주었던 이야기가 겹쳐 떠오른다. 그가 만든 박물관과 애덤 카루소가 말한 '도서관'은 결국 같은 것일지도 모른다.

"제가 생각할 때, 좋은 건축가가 되기 위해서는 머리속에 아주 거대한 도서관을 필요로 합니다. 이 도서관에는 그가 이미 경험했던 수많은 건물들이 기록되어 있습니다. 실제로는 더 이상 존재하지 않는 건물이라 할 지라도 이 도서관에는 여전히 존재하지요. 이 머리속 도서관에는 건축 뿐만 아니라 역사, 철학, 문학도 같이 존재하며 이 모두는 서로 연결되어 있습니다.

나이가 들어간다는 것이 마냥 좋지만은 않지만, 건축가로써 나이가 들어가는 것이 좋은 이유 중 하나는 이것입니다. 제 경험을 예로 든다면, 제가 학교 다닐 때 읽었던 건축 이론서가 있었습니다. 수천개의 각주가 달려 있는 책이었죠. 저는 그 때 이 책을 정말 이해하기 힘들었습니다. 왜냐하면 글은 너무 어려웠고 저자는 책에서 방대한 배경지식을 참조했기 때문입니다. 그런데 이 책을 몇 해 전 다시 읽어 보았을 때 뭔가 다른 것을 느꼈습니다. 더 이상 예전처럼 글이 어렵지 않았기 때문이죠. 나이가 어려 아직 머리속 도서관에 책이 몇 권 없을 때, 사람들은 그 몇 권의 책을 통해 자신이 알고 있는 것을 판단합니다. 그러나 나이가 점차 들어가며 이 도서관에 점점 많은 책들이 들어오게 되면 그때는 수많은 정보들이 연결되어 자기 자신만의 새로운 재해석이 가능하게 되죠.

만약 당신과 내 머리속에 들어있는 모든 책이 다 같다고 해보죠. 그렇다 할지라도 그것들이 재구성되어 표현되는 것은 완전히 다릅니다. 그것은 문화적 차이죠. 결국 당신의 머리속에 있는 모든 정보들은 당신만의 해석을 통한, 당신만의 고유한 버젼입니다. 왜 오리지널리티에 대해 고민합니까? 당신의 머리속 도서관을 통해 연결되고 재해석된 당신의 건축은 그것으로 오리지널입니다. 그것들을 표현하는 것을 두려워하지 마세요."[18]

[16]
존 소안 경의 박물관은 실제 공간을 3D 스캔으로 디지털화해 온라인에서도 감상할 수 있다. explore.soane.org

[17]
존 소안 경의 박물관을 리노베이션 한 카루소 세인트 존 아키텍츠는 이렇게 소회를 밝힌다. "서로 다른 형태와 문화를 근접시켜 배치하는 소안의 과감한 태도가 다양한 분위기를 하나로 엮는다고 생각했다. 이는 곧 우리 작업의 핵심 주제였다." / Caruso St John, *Collected Works*, Volume 2, 2000-2012, p.168, MACK, 2023.

[18]
권태훈, 애덤 카루소와의 인터뷰, '2016 Young Architects Fellowship 국제건축문화교류'의 결과 보고서, 문화체육관광부 주최, 한국건축가협회 주관, 2017.

Creative and Inspiring Juxtaposition : Sir John Soane's Museum

John Soane's Museum,
©Simon Burchell(wikicommons)
2025.01.20. / https://commons.wikimedia.org/wiki/File:Sir_John_Soane%27s_Museum,_Lincoln%27s_Inn_Fields,_London_08.jpg

부디 건축적 심각함에 삶 전체가 매몰되지 않기를

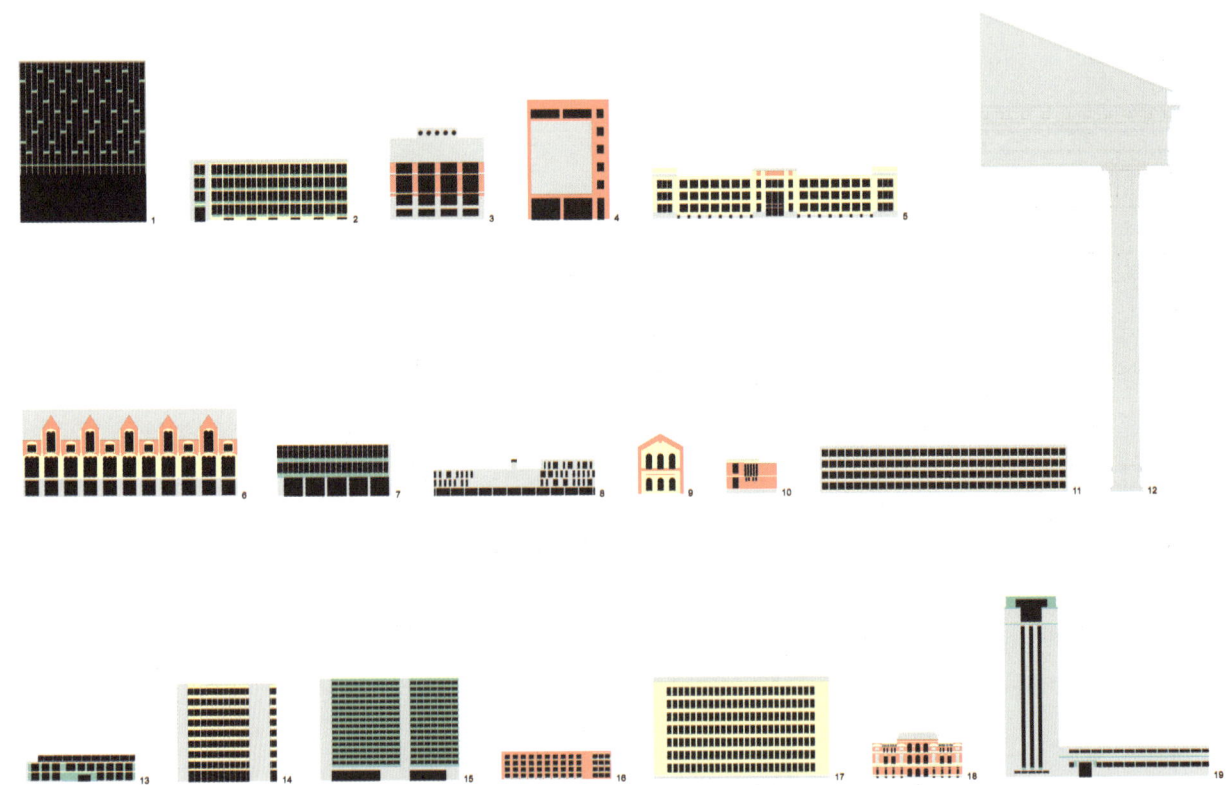

Bovenbouw Architectuur, The University Buildings in Ghent, A Birthday Cake for Ghent University, 2017. ⓒ Bovenbouw Architectuur

벨기에 앤트워프에 기반을 둔 건축사무소 보번바우의 작업인 '겐트대학 생일 케이크'[19]도 빼놓을 수 없다. 이 거대한 스티로폼 모형은 2017년, 겐트대학의 200주년을 기념해 제작된 것으로 캠퍼스 내 16개 건물을 쌓아 올리고 조합해 만들었다. 정교한 재해석보다는 아이들이 블록을 쌓듯 단순하고 직관적인 구성에 집중할 때 결과물은 경쾌하고 유머러스하다. 스티로폼 덩어리가 서로 만나는 경계는 그리 중요해 보이지 않는다. 각 덩어리가 그저 '살짝 얹혀 있다'는 것이 핵심이다.

    한 덩어리가 다른 덩어리와 물리는 순간, 모든 것이 복잡해지기 시작한다.

    이 작업이 환기하는 바는, 때때로 심각함을 벗어 던지고 가벼워질 필요가 있다는 것이다. 건축이라는 작업의 심각함에 삶 전체가 매몰되지 않도록 하는 것이 생각보다 쉽지 않다.

19
Bovenbouw Architectuur, Living the Exotic Everyday, Flanders Architecture Institute, pp.110-113
겐트대학 생일 케이크는 다음 사이트에서 확인할 수 있다.
bovenbouw.be/projects/a-birthday-cake-forghent-university-ghent/

Please Do Not Let the Seriousness of Architecture Consume Your Entire Life

Bovenbouw Architectuur,
A Birthday Cake for Ghent
University, 2017. © Bovenbouw
Architectuur

푼크툼

원범식, ARCHISCULPTURE 013(London, UK), 2012.
©Beomsik WON

보번바우의 겐트대학 생일 케이크가 입체 모형이 아닌 사진을 매체로 삼았다면, 그 결과물은 아마도 원범식의 'ARCHISCULPTURE'와 가장 근접할지 모른다. 이 시리즈는 콜라주 작업을 통해 실제처럼 보이지만 실재하지 않는 초현실적 건축물을 창조한다. 다시 말해 건축물의 형태와 흡사한 '건축조각'을 만들어낸다. 원범식은 이러한 작업의 계기에 대해 밝힌 바 있다.[20] 수많은 건축물 사진을 찍었지만 그 사진을 직접 사용할 수는 없었는데, 작가가 찍었더라도 피사체가 건축가의 작품이기 때문이었다. 그래서 대리석이나 청동처럼 자신의 조각 재료로 그 사진을 사용하기 시작했다고 한다. 아울러 자신이 건축물을 보며 느낀 푼크툼[21]의 조합을 '건축조각'이라고 말하며, 수집가가 수집품을 세심히 분류하고 정리하듯이 세계 곳곳에서 채집한 도시의 파편들을 분석하고 파악해 이를 재료로 조각 예술품을 만든다고 덧붙인다.[22]

사진 이론에서 롤랑 바르트가 제시한 '푼크툼'과 '스투디움'의 개념은 감상 방식에 대해 흥미로운

20
https://www.yatzer.com/beomsik-won-archisculpture

21
롤랑 바르트가 『밝은 방』(*La chambre claire*, 1980)에서 제시한 미학적 개념. 사진에서 작가의 의도와는 무관하게 감상자의 주관적인 감정이나 개인적인 경험을 통해 강하게 감지되는 요소를 말한다. 이에 비해 스투디움(Studium)은 감상자의 개인적 반응보다는 사회적, 문화적 맥락 속에서 사진이 전달하는 의미를 말한다.

Punctum

원범식, ARCHISCULPTURE 038(Red, Green, Blue), 2014. ©Beomsik WON

통찰을 제공한다. 이 개념을 비유적으로 확장해 본다면, 존 소안 경의 박물관에 소장된 수많은 유물들 역시 이러한 두 감상의 축으로 살펴볼 수 있다. 각기 다른 역사와 배경을 가진 유물들을 문화적 맥락 속에 부여된 객관적인 정보만으로써 본다면 스투디움적 감상이 될 것이다. 관람자는 유물에 담긴 역사적, 사회적, 기능적 정보를 인식하며 작품에 대한 기본적인 이해를 얻는다.

그러나 과연 존 소안 경이 보여주고자 한 것이 그것뿐이었을까? 그는 정형화되지 않은 방식으로 유물들을 배열함으로써 관람자가 각자의 푼크툼을 발견하고, 그것을 자기만의 방식으로 연결해나가기를 기대했을 것이다. 요컨대, 스투디움이 문화적 배경을 통해 공유되는 해석의 층위라면, 푼크툼은 감상의 순간에 불쑥 파고드는 개인적이고 우발적인 감응의 계기이다. 이러한 관점에서 보자면, 스투디움과 푼크툼의 경계는 참조 대상을 단순히 수용하는 '소비자'와 그것을 새롭게 구성해 의미를 생산하는 '생산자'의 경계이지 않을까?

22 'ARCHISCULPTURE'의 작가노트 중에서

50 LOGS

50개의 로그는 전체 과정을 보여주는 동시에 독립된 결말을 갖는다. 시간의 흐름을 따르는 순서이지만 많은 부분이 새로 엮이거나 재배치되었다. 따라서 실제 작업 순서와 로그 번호가 완벽히 일치하지 않는다. 2019년 작업 초반, 타워 외관이 거의 완성되었으며, 내부 공간에 대한 작업은 2021년에 들어서야 본격적으로 진행되었다. 타워의 첨탑은 2020년에 작업되었고 2021년에 수정되었으며, 그해 가을 배렴가옥에서의 전시 이후 약 20개월 동안은 작업이 중단되었다. 2023년 중반에 타워의 내부 공간 작업이 재개되었고, 같은 해 12월 20일 작업의 출판을 위한 티키타카 첫 미팅이 Zoom을 통해 이루어졌다.

Log 01

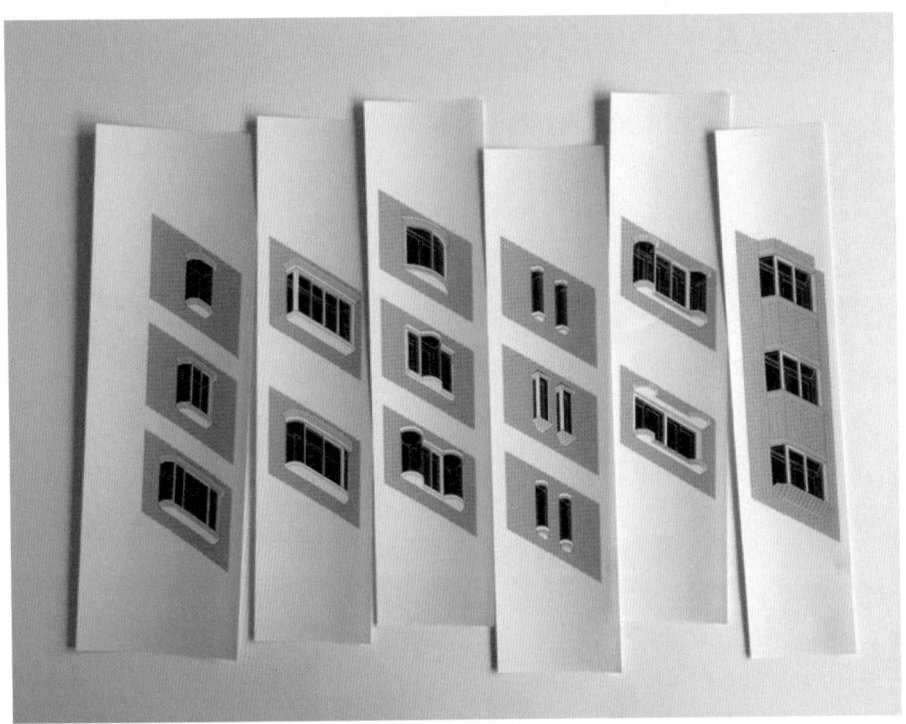

<u>시작 Beginning</u>
『빌라 샷시』의 출판을 위해 나는 모니터 속에서 책 판형에 맞춰 베이 윈도를 이리저리 배치했다. 문득 다양한 형태의 베이 윈도로 콜라주를 구성해 보면 어떨까, 하는 생각에 작업을 멈추고 이미지를 종이에 출력했다. 자른 이미지를 조합해 보다가 하나의 파사드가 만들어진 순간, 알 수 없는 흥미로움에 빠져들기 시작했다. / 2019년 1월 28일

Log 02

<u>콜라주가 아닌 Not a Collage</u>
다시 모니터 앞에 앉았다. 불규칙하게 배열된 콜라주를 흩은 뒤 다시 만든 것이라곤 늘 봐오던 동네
빌라와 별반 다르지 않았다. 재배열된 파사드에는 질서가 부여되었다. 이 콜라주 작업이 늘 해오던 익숙한
방향으로 흘러가고 있음을 의미했다. / 2019년 1월 30일

Log 03

명령어: 미러 Command : Mirror
곧 다음 단계의 아이디어로 이어졌다. 하나의 입면으로 네 면을 둘러싸는 가상의 건물을 만드는 것이었다. 사방으로 난 출입구 계단을 보는 순간, 머릿속에는 빌라 로톤다가 떠올랐고 빌라 로톤다와 한국 빌라, 그러니까 '그 빌라'와 '이 빌라'를 조합할 방법이 어렴풋이 보이기 시작했다. / 2019년 2월 1일

Log 04

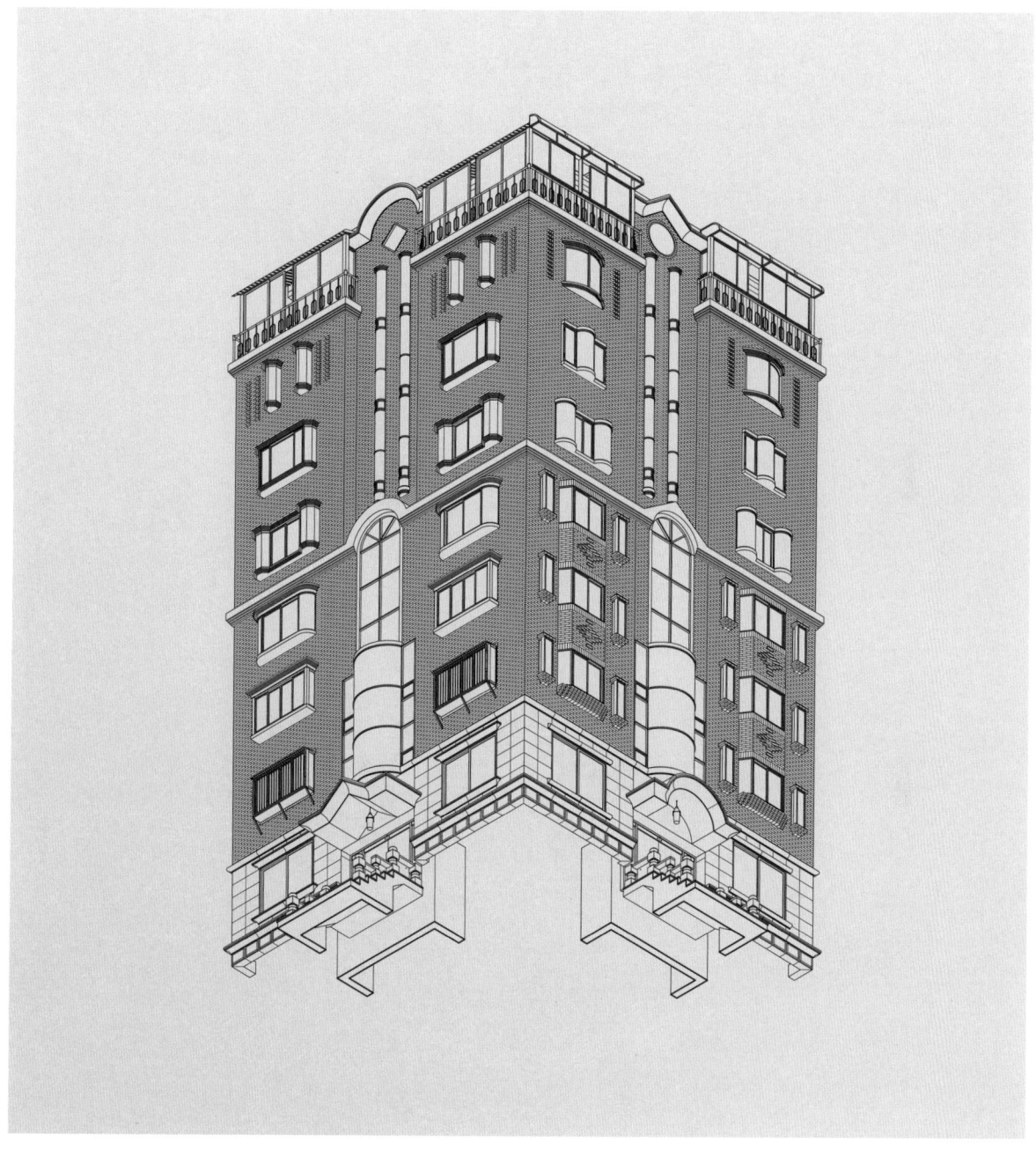

제거된 문화적 의미 Removed Cultural Meaning
입면을 좌우대칭으로 구성하되, 모서리를 이루는 두 면은 같지 않도록 변화를 주는 것이 필요했다.
페디먼트(Pediment)와 팀파눔(Tympanum)을 연상시키는 삼각형과 반원형의 캐노피는 문화적 의미가
제거되어도 서로 다른 두 빌라의 교집합이 될 수 있었다. 한국 빌라의 캐노피에는 화려한 부조 장식 대신
빌라 이름이 새겨져 있는 것이 보통이다. / 2019년 2월 3일

Log 05

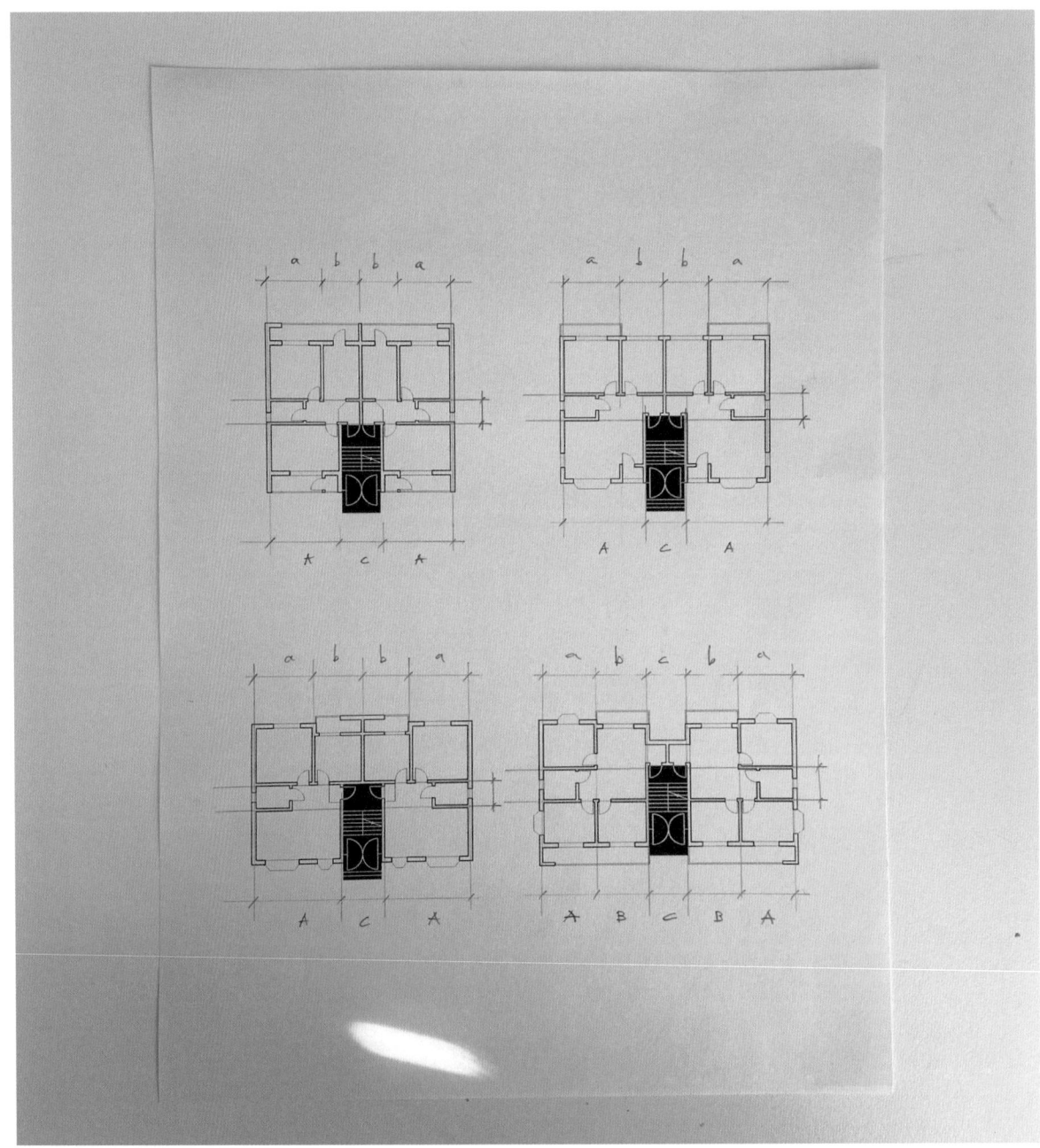

<u>대칭형 평면 Symmetrical Plan</u>
빌라 로톤다는 십자형 대칭 평면을 갖는다. 이에 대응하는 한국 빌라가 없다는 사실은 그 빌라와 이 빌라를 섞기 위해 몇 단계를 거쳐야 한다는 의미였다. 일반적인 평면을 조합하고 변형하면서 다음 단계로 나아갈 수 있는 실마리를 찾기 위해, 살고 있는 동네의 빌라를 관찰했다. 한국 빌라의 좌우대칭형 평면 구조에서는 중앙에 공용 계단실이 놓이고 그 양측으로 거실 겸 주방이 위치하는 경우가 일반적이다. 방들은 대부분 후면에 위치하며, 전면의 거실과 후면의 방 사이에는 화장실이 있다. 현관과 화장실을 잇는 축이 집 전체 공간을 양분한다. / 2019년 2월 6일

중앙 집중형 평면 Centralized Plan
한국 빌라의 평면을 빌라 로톤다의 평면 구조에 맞춰 재구성하는 과정이 진행되었다. 가상의 축을 기준으로 한국 빌라의 평면을 회전시켜 빌라 로톤다처럼 십자형 평면 구조를 만들고, 십자형 평면의 중심축을 향해 빈 공간을 좁혀가며 압축해 나갔다. 정답이 존재하지 않는 가상의 프로젝트이기에 현실적인 가능성이 있는 세 가지 가운데 입면과 가장 부합하는 안에서 시작하기로 했다. / 2019년 2월 7일

Log 07

입면에서 평면으로 From Elevation to Plan
필로티층의 기둥과 벽체를 정리하면서 아이디어가 입면에서 평면으로 확장하며 전개되고 있음을 확인했다. 간단한 콜라주로 시작한 작업이 점차 복잡해지고 있었다. 기하학적 평면 구성과 주차 계획, 이 둘 사이에서 고민하는 스스로에게 묻는다. "짓지도 않을 이 빌라의 필로티 주차를 고민하는 것이 과연 필요한 일인가?" / 2019년 2월 10일

Log 08

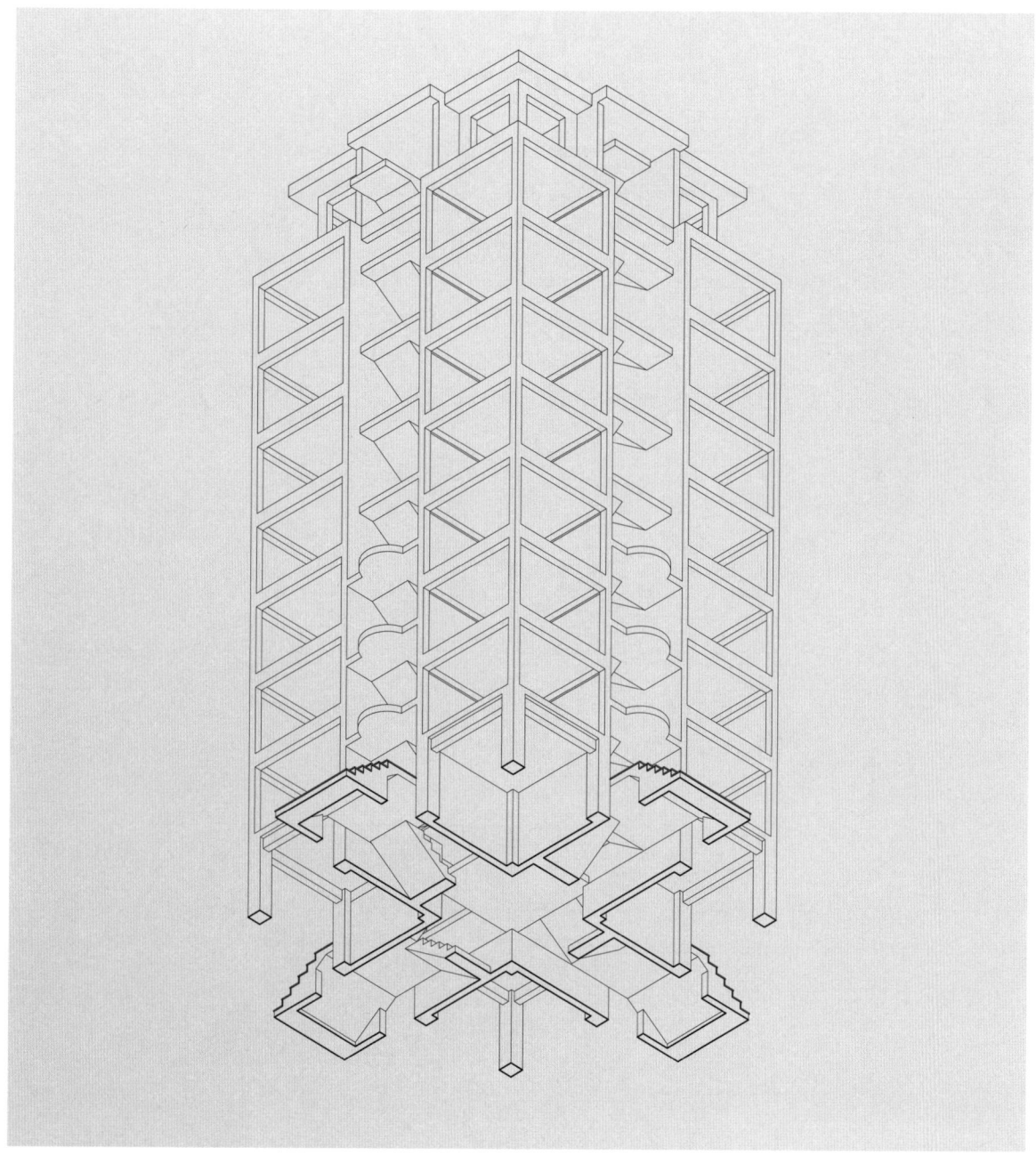

진부한 구조체 Banal Structure
필로티층의 평면은 결국 타워 빌라의 전체 구조로 이어졌다. 동일한 평면이 층층이 쌓이며 십자형 계단실이 자연스럽게 형성되었다. 계단이 너무 많은 면적을 차지한다는 쓸데없는 걱정도 들었지만, 그보다도 계단실 입면 뒤에 실제로 계단이 놓이는 진부함에 변화를 주고 싶었다. 이 작업이 진짜 빌라를 설계하는 것이 아님을 다시 한번 상기할 필요가 있었다. / 2019년 2월 13일

Log 09

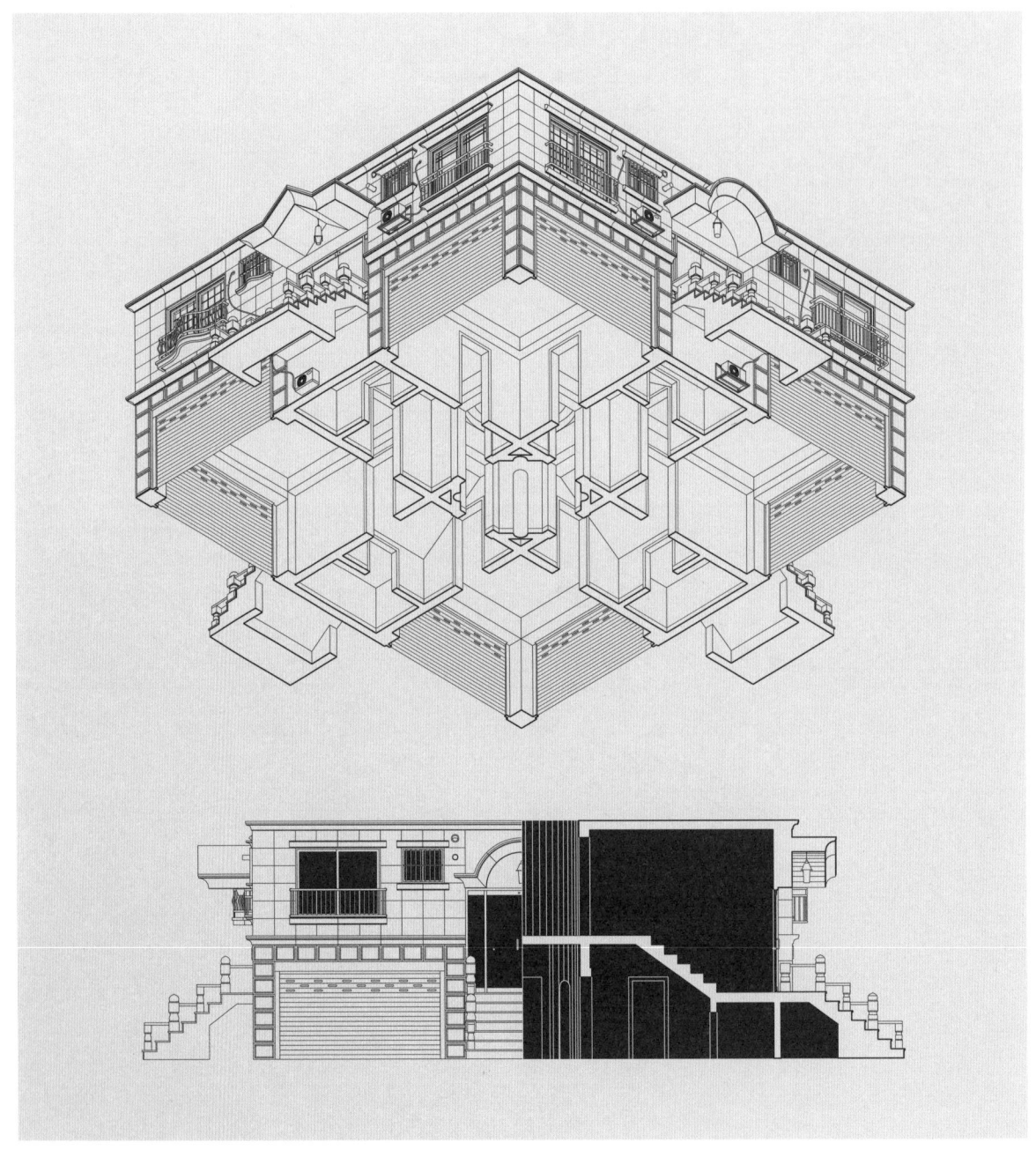

<u>팔라디안 파스티치오</u> Palladian Pasticcio
한국 빌라의 평면을 팔라디오식 중앙 집중형 평면 안에 조합했다. 팔라디오가 판테온의 현관에서 차용한 페디먼트는 한국식 박공 모양의 석제 캐노피로 변형되었고, 빌라 로톤다의 코린트식 기둥은 흑두기 장식이 달린 필로티 기둥으로 치환되었다. / 2019년 02월 14일

Log 10

허름하지만 성스러운 Humble yet Sacred
내가 살던 빌라의 계단실. 건축적으로 특별한 공간은 아니지만 내게는 언제나 매혹적인 장소였다.
혼란스럽고 복잡한 바깥 풍경이 한 겹 걸러진 그곳에는 언제나 성스러운 빛이 가득했다. / 2019년 2월 16일

Log 11

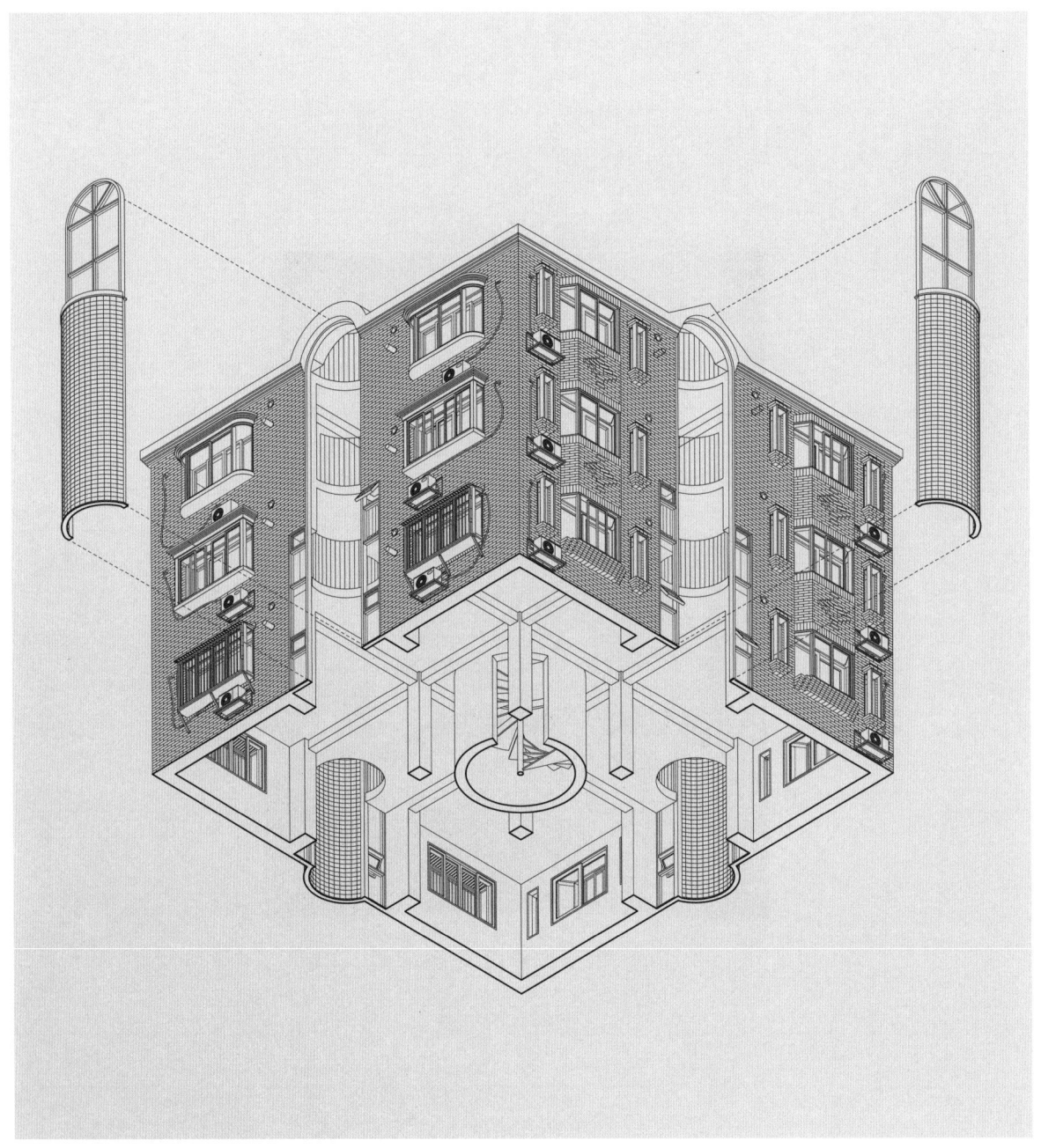

<u>계단 없는 계단실 Staircase without Stair</u>
내부 공간의 용도를 짐작케 하는 특정 입면 요소에서 그 용도를 박탈하는 시도. 계단 없는 계단실. /
2019년 2월 17일

Log 12

타워 빌라 Tower Villa
고작 3~4층에 불과한 동네 빌라에 '타워'라는 이름을 붙이는 풍경이 한국에선 낯설지 않다. 이름만큼은 타워이고픈 건물주의 마음과 언젠가는 타워에 살길 바라는 세입자의 마음으로 이토록 아이러니한 이름을 이해하게 된다. / 2019년 2월 19일

Log 13

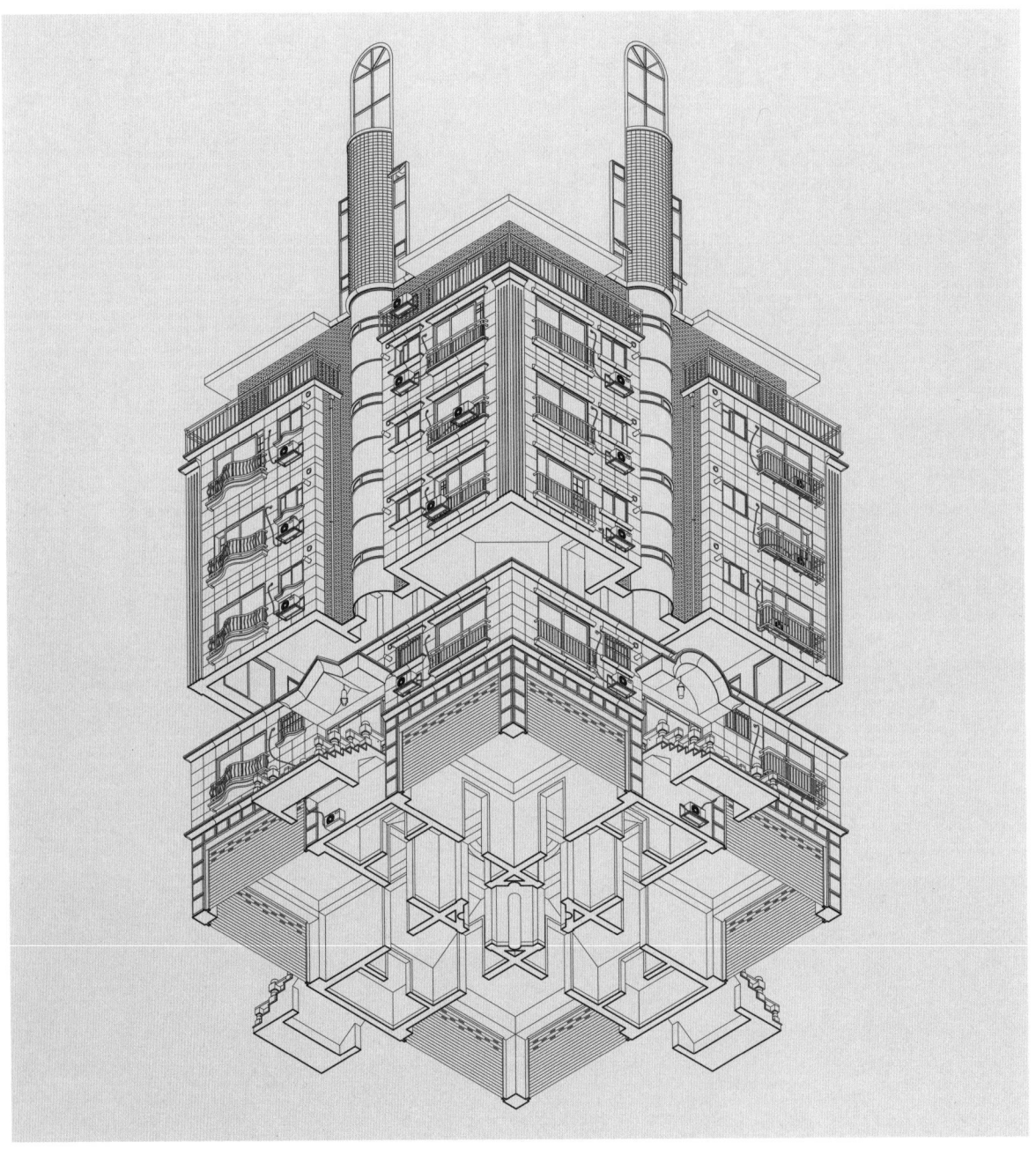

연대기적 타워 Chronological Tower
동네에서 본 빌라의 이름대로 빌라를 차곡차곡 쌓아 '타워'를 만들기로 했다. 여기까지 진행된 작업이 타워로서 비례를 갖추려면 기단부를 연장시킬 필요가 있었다. 최근 지어진 동네 빌라들을 참조해 석재 마감의 네 개 층을 기단으로 추가했다. / 2019년 2월 23일

Log 14

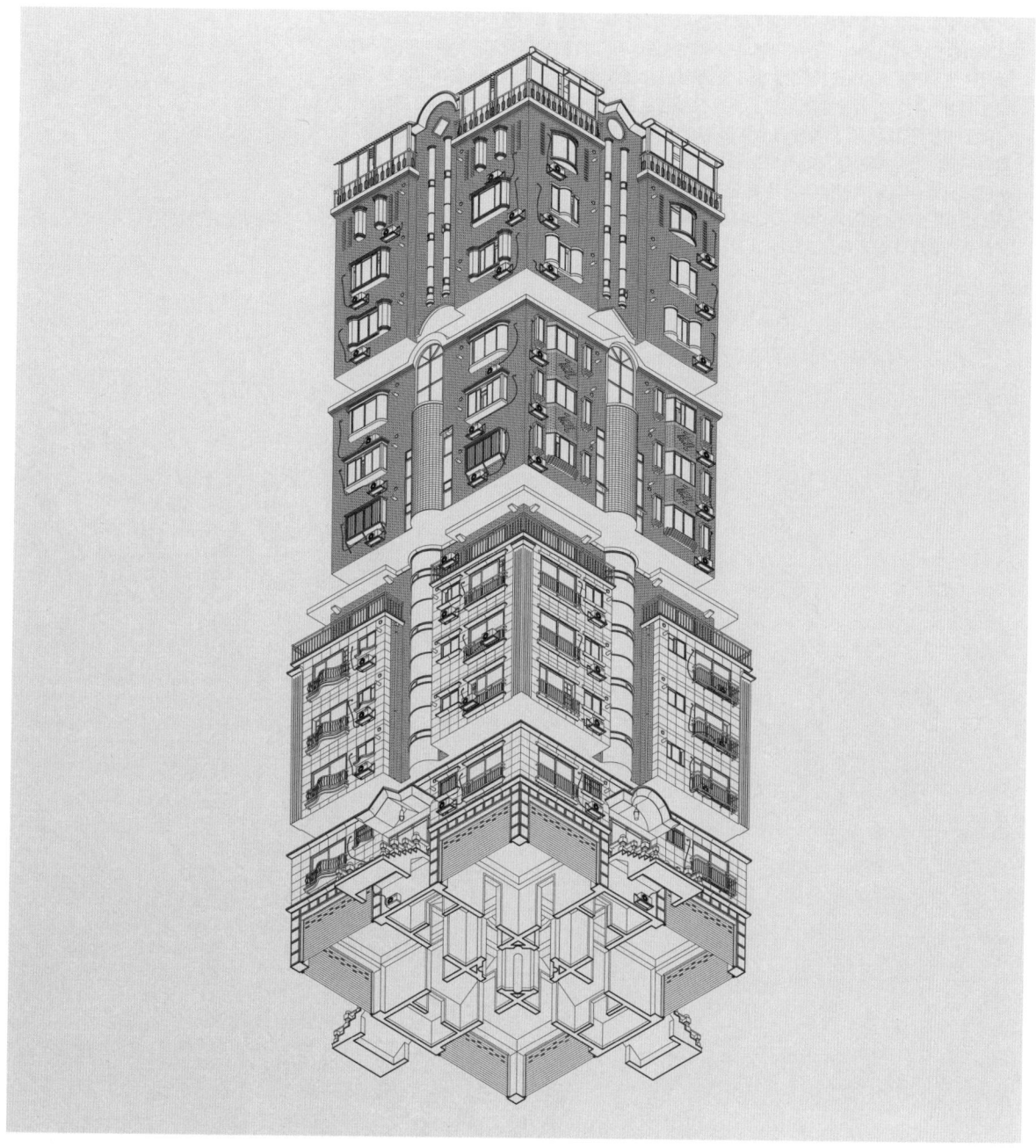

<u>고리타분하지만 여전히 매력적인</u> Dated but Captivating
건축물이라기보다 매끈한 조각품과도 같은 근래의 타워는 고전적인 타워가 가졌던 구축 논리로부터 벗어난 지 이미 오래다. 그럼에도 불구하고 머릿속에 각인된 타워의 강력한 이미지가 여전히 과거에 뿌리를 두고 있다는 사실을 부인할 수 없다. 쌓아 올리는 행위는 고리타분할지라도 여전히 매력적이다. /
2019년 3월 5일

무엇이 동네 빌라의 가치를 만드는가? What Creates the Value of the Korean Villa?

한 동네에서 10여 년을 사는 사이 재건축 붐이 일었다. 그러나 아주 소소한 변화들만이 관찰되었다. 오랜 세월의 흔적이 이끼로 남은 적벽돌은 화사한 파스텔톤 타일로 바뀌었고, 무겁고 둔탁하던 인조석의 장식 난간은 가볍고 반짝이는 스테인리스로 대체되었다. 겨울이면 냉기를 들이던 알루미늄 새시도 단열 성능을 갖춘 새하얀 PVC창호로 달라졌다. 뿐만 아니다. 용접흔이 있는 기하학 패턴의 검은 철제 방범창은 공장 생산된 반짝반짝한 알루미늄 제품으로, 황금색 십장생이 올록볼록하게 새겨진 검은 주물 현관문은 미니멀한 무늬가 인쇄된 문으로, 현관문의 열쇠 구멍은 모두 디지털 도어 록으로 교체되었다. 최신 제품들로 치장한 빌라는 거대한 몸뚱이에 노란 리본을 두르고 자신을 팔기 위해 안간힘을 썼다. 거기엔 이렇게 쓰여 있었다. "국내 업계 1위 OO싱크대 설치, OO도기 설치, OO냉장고·세탁기 빌트인 타입" 아파트 같이 브랜드가 없는 동네 빌라는 싱크대와 도기의 브랜드가 그 가치를 대변한다. / 2019년 3월 8일

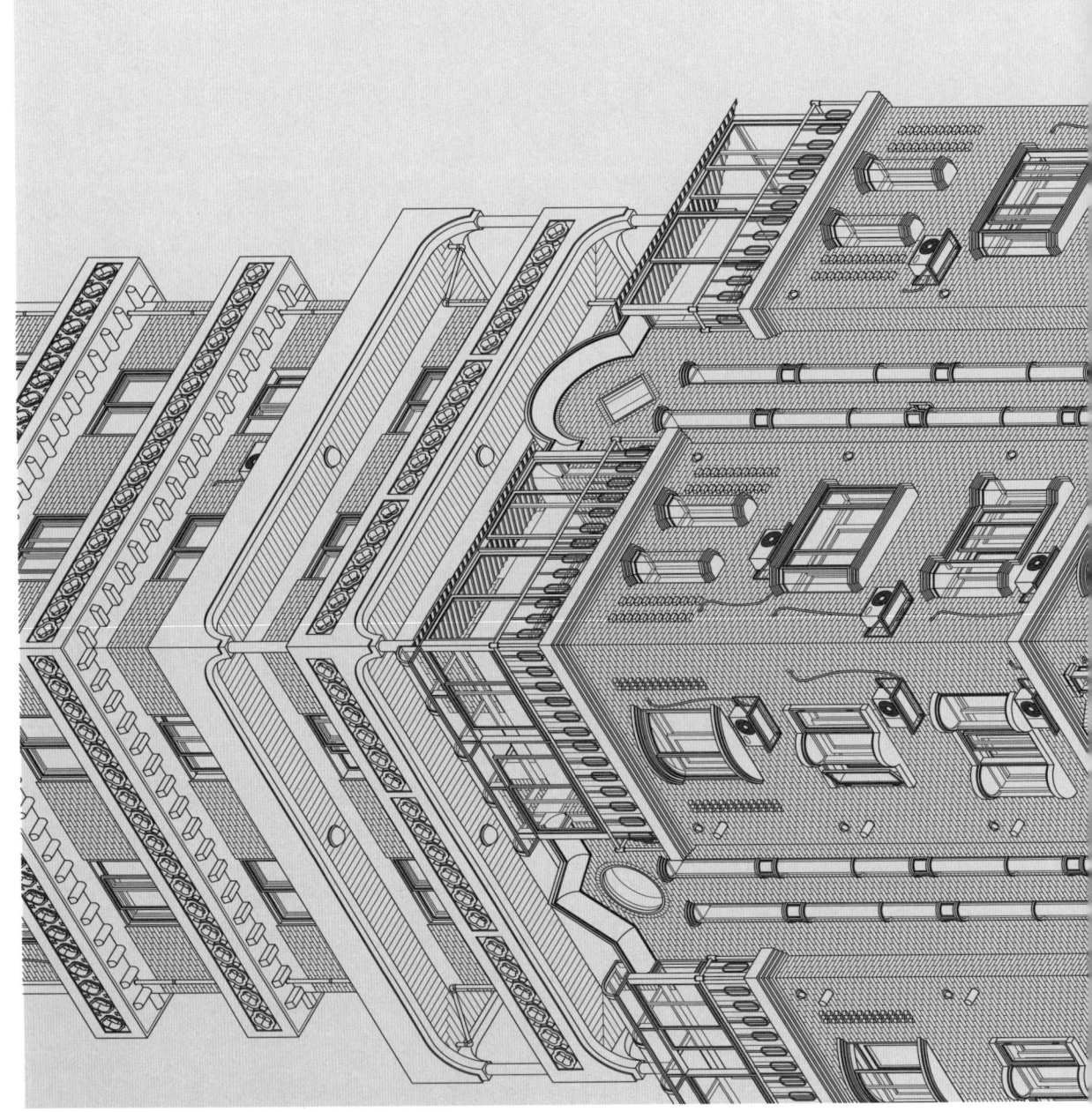

Log 15

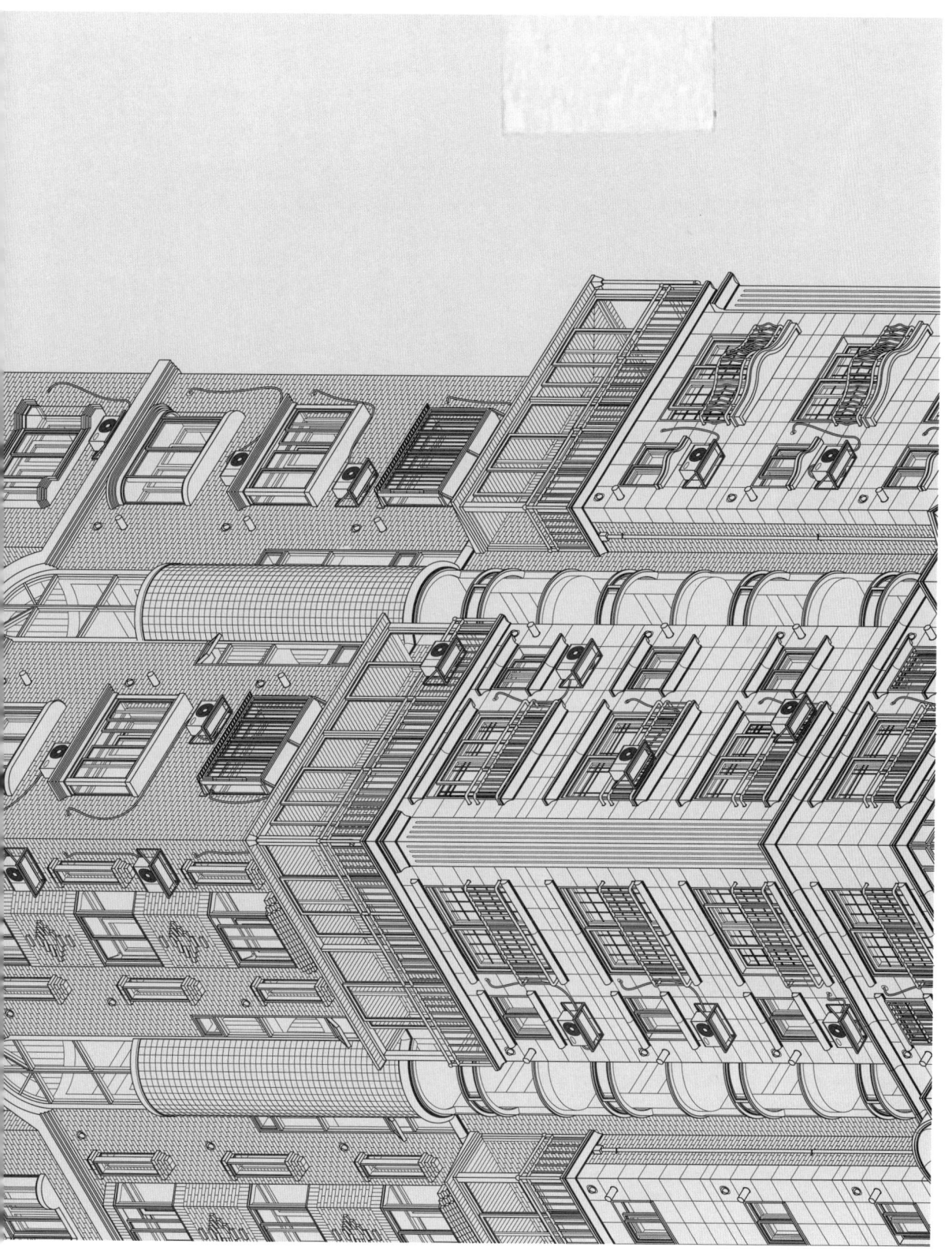

Log 16

취향 벽지 Tasteful Wallpaper
생각은 입면에서 평면, 그리고 내부 공간으로 이어졌다. 빌라 로톤다와 한국 빌라, 서양 고전 건축의
기하학적인 평면과 한국 다세대주택의 입면. 이 둘 사이에 놓인 것은 촌스러운 꽃무늬 벽지다. 얇디얇은
그 벽지는 (직업으로서의) 건축과 (한 인간으로서의) 삶을 철저히 구분할 수밖에 없는 갈등을 보여준다.
벽지 선택은 유일한 취향의 반영이다. / 2019년 4월 1일

Log 17

기하학적 평면 Geometric Plan
기하학적 평면이 시각적으로 큰 힘을 발휘할 때는, 흥미롭게도 삶의 흔적이 모두 지워졌을 때다. /
2019년 4월 11일

Log 18

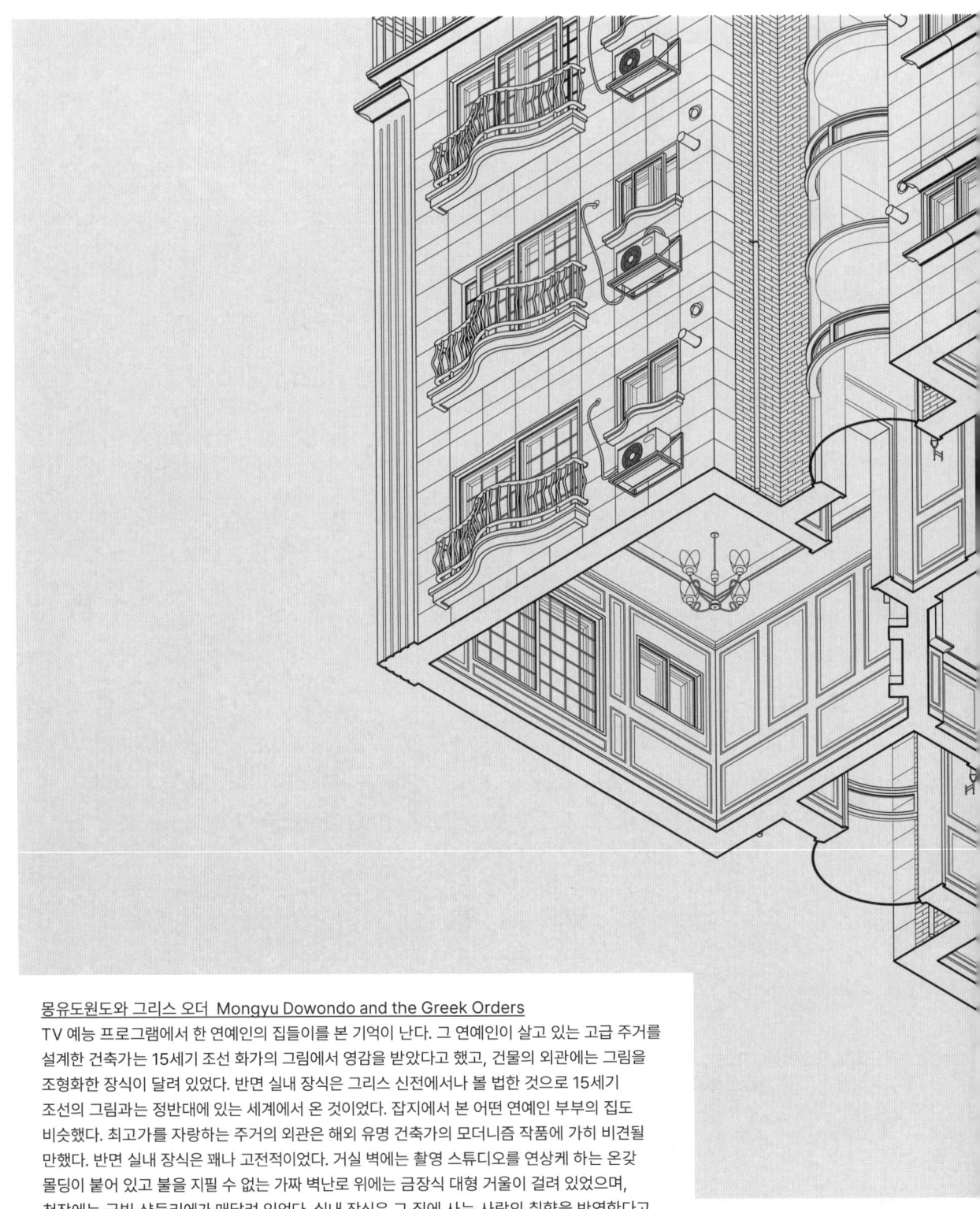

몽유도원도와 그리스 오더 Mongyu Dowondo and the Greek Orders
TV 예능 프로그램에서 한 연예인의 집들이를 본 기억이 난다. 그 연예인이 살고 있는 고급 주거를 설계한 건축가는 15세기 조선 화가의 그림에서 영감을 받았다고 했고, 건물의 외관에는 그림을 조형화한 장식이 달려 있었다. 반면 실내 장식은 그리스 신전에서나 볼 법한 것으로 15세기 조선의 그림과는 정반대에 있는 세계에서 온 것이었다. 잡지에서 본 어떤 연예인 부부의 집도 비슷했다. 최고가를 자랑하는 주거의 외관은 해외 유명 건축가의 모더니즘 작품에 가히 비견될 만했다. 반면 실내 장식은 꽤나 고전적이었다. 거실 벽에는 촬영 스튜디오를 연상케 하는 온갖 몰딩이 붙어 있고 불을 지필 수 없는 가짜 벽난로 위에는 금장식 대형 거울이 걸려 있었으며, 천장에는 금빛 샹들리에가 매달려 있었다. 실내 장식은 그 집에 사는 사람의 취향을 반영한다고 하지 않던가. / 2021년 3월 5일

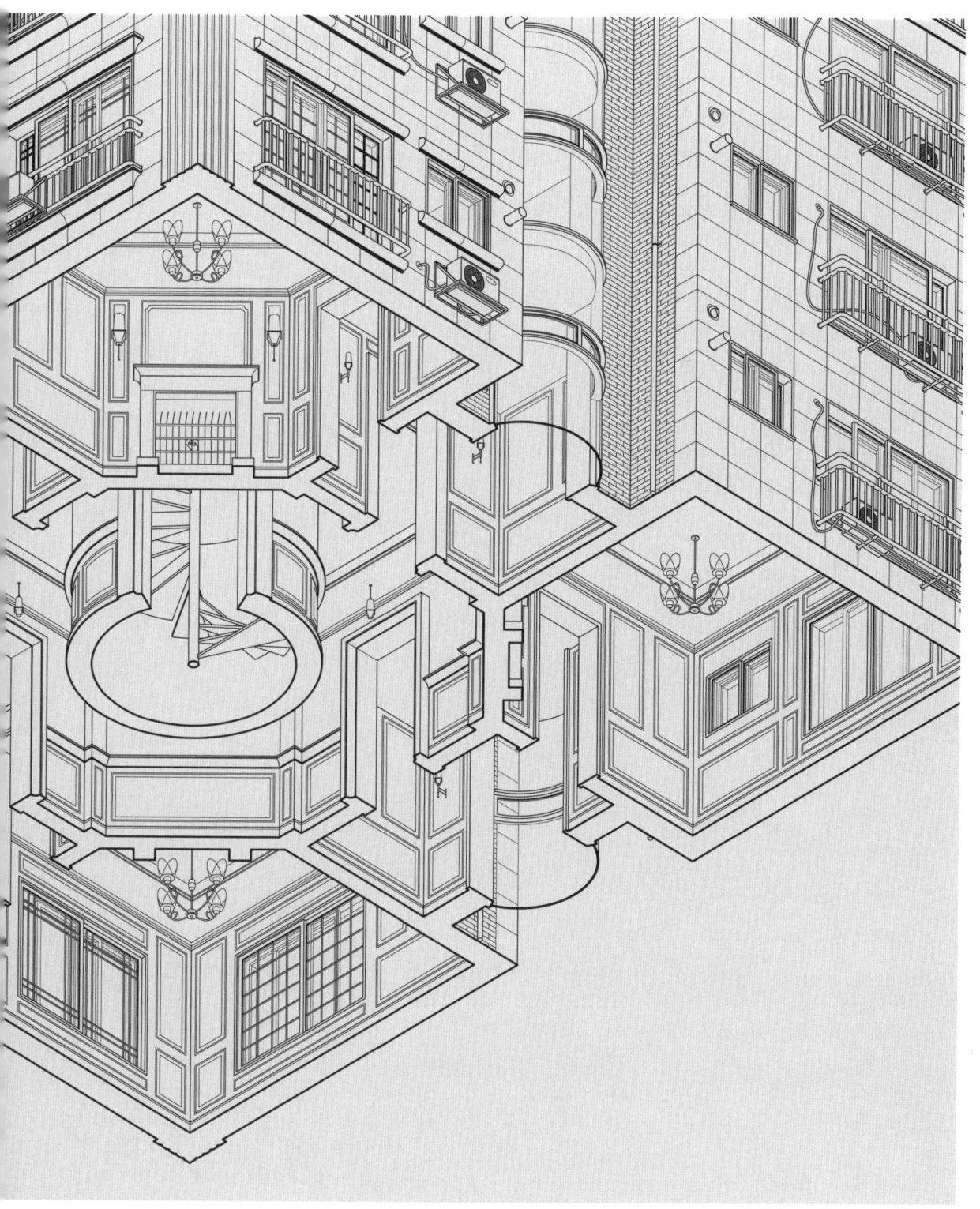

50 Logs : Tower Villa Project

Log 19

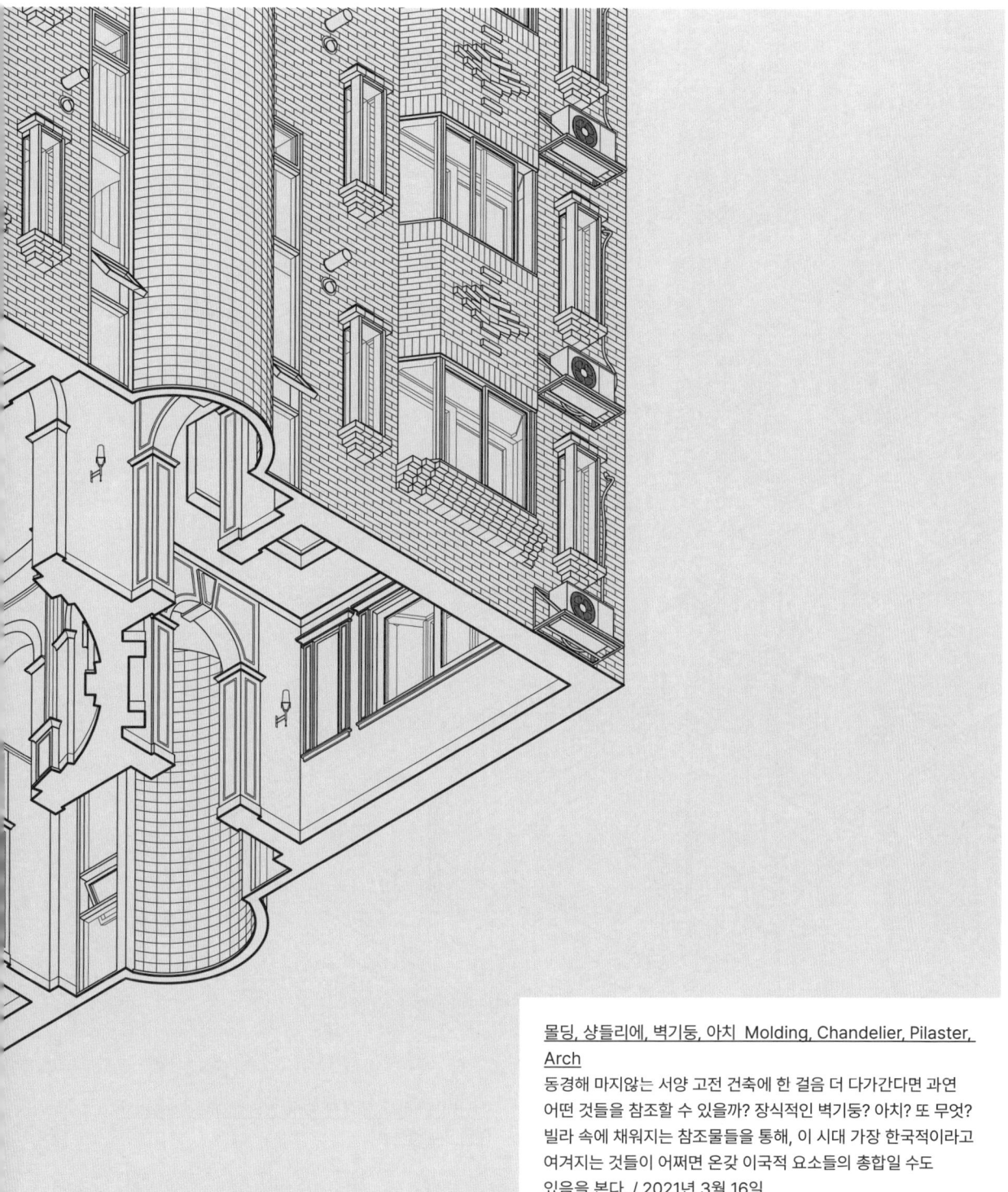

<u>몰딩, 샹들리에, 벽기둥, 아치 Molding, Chandelier, Pilaster, Arch</u>
동경해 마지않는 서양 고전 건축에 한 걸음 더 다가간다면 과연 어떤 것들을 참조할 수 있을까? 장식적인 벽기둥? 아치? 또 무엇? 빌라 속에 채워지는 참조물들을 통해, 이 시대 가장 한국적이라고 여겨지는 것들이 어쩌면 온갖 이국적 요소들의 총합일 수도 있음을 본다. / 2021년 3월 16일

Log 20

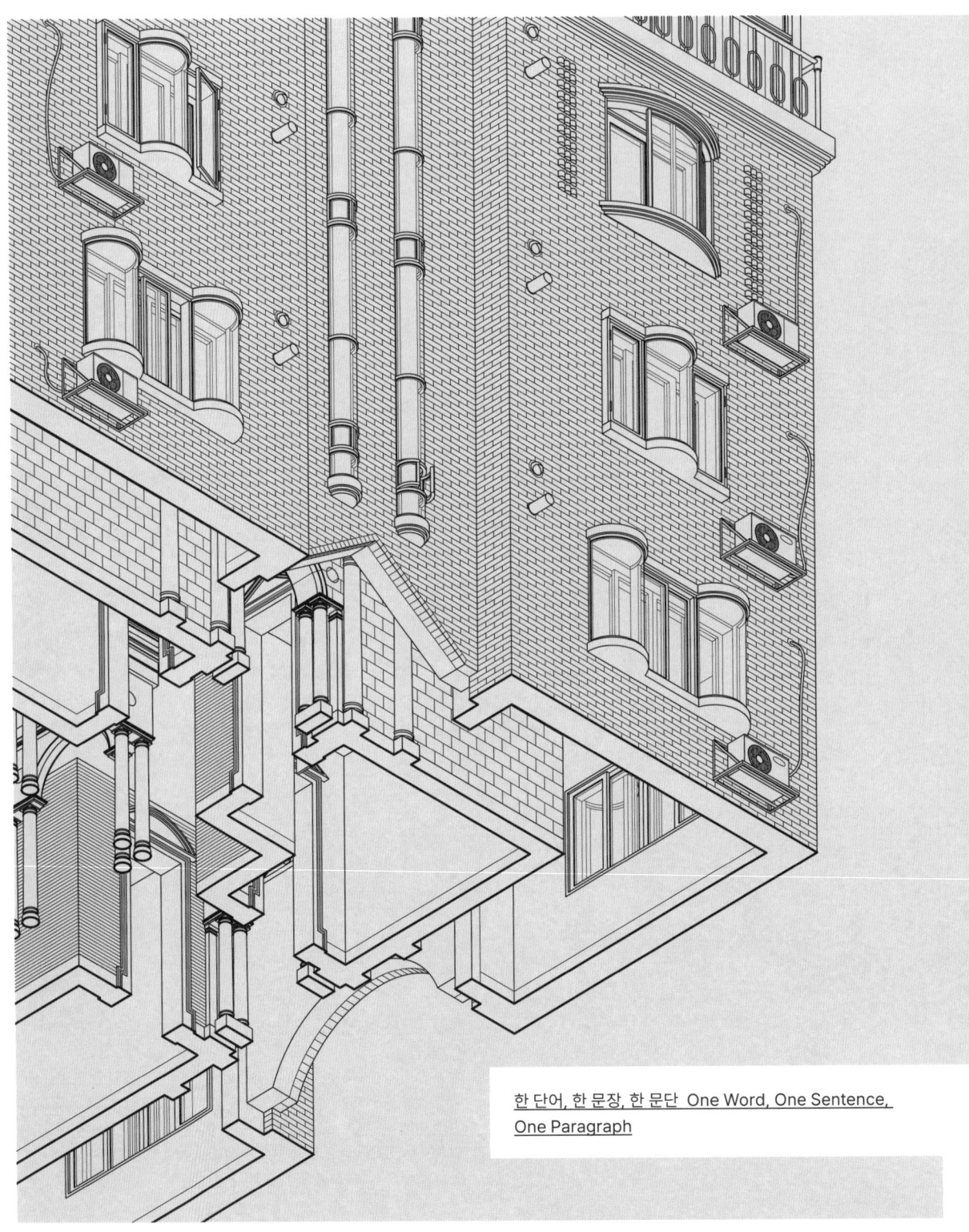

한 단어, 한 문장, 한 문단 One Word, One Sentence, One Paragraph

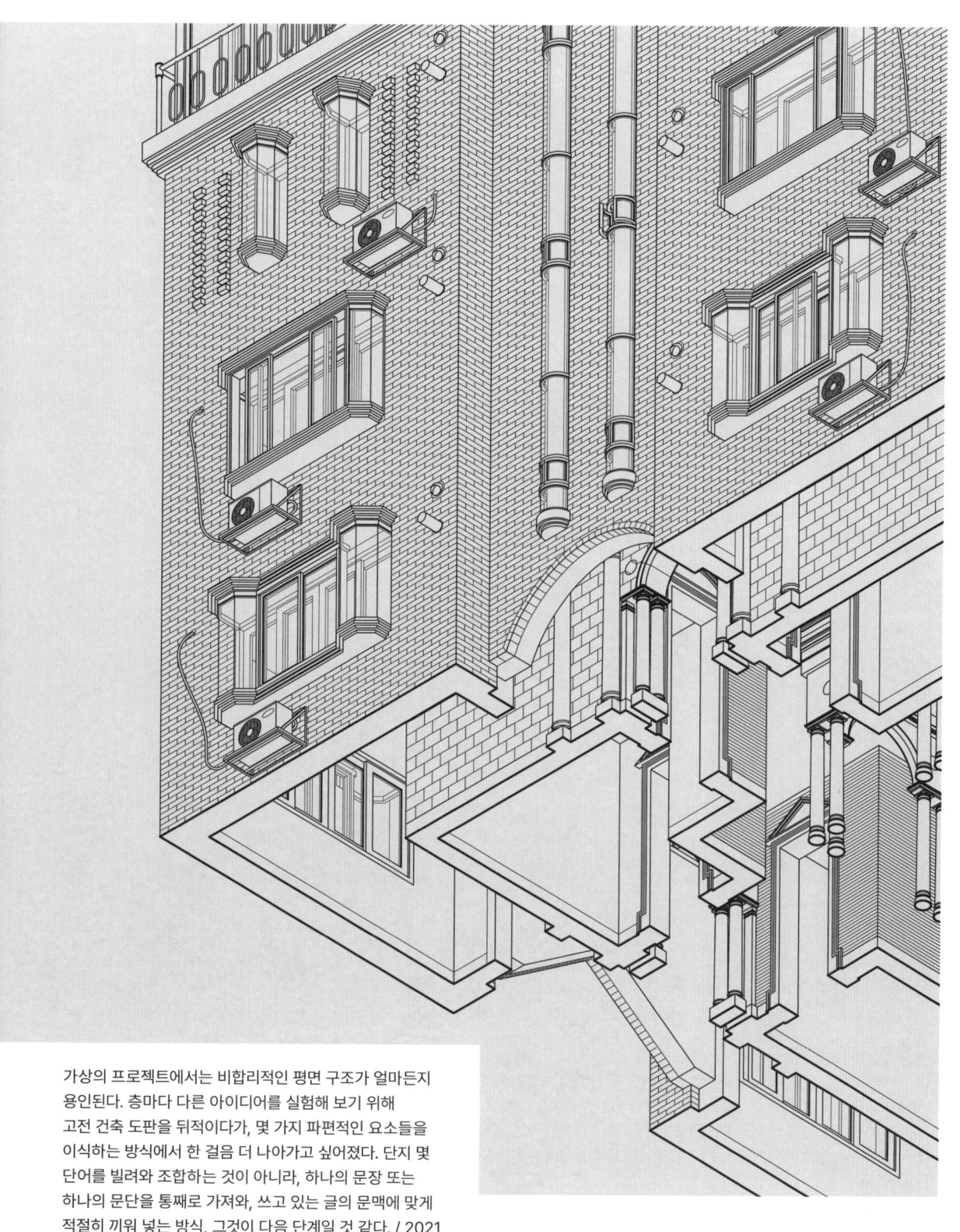

가상의 프로젝트에서는 비합리적인 평면 구조가 얼마든지 용인된다. 층마다 다른 아이디어를 실험해 보기 위해 고전 건축 도판을 뒤적이다가, 몇 가지 파편적인 요소들을 이식하는 방식에서 한 걸음 더 나아가고 싶어졌다. 단지 몇 단어를 빌려와 조합하는 것이 아니라, 하나의 문장 또는 하나의 문단을 통째로 가져와, 쓰고 있는 글의 문맥에 맞게 적절히 끼워 넣는 방식, 그것이 다음 단계일 것 같다. / 2021년 5월 26일

Log 21

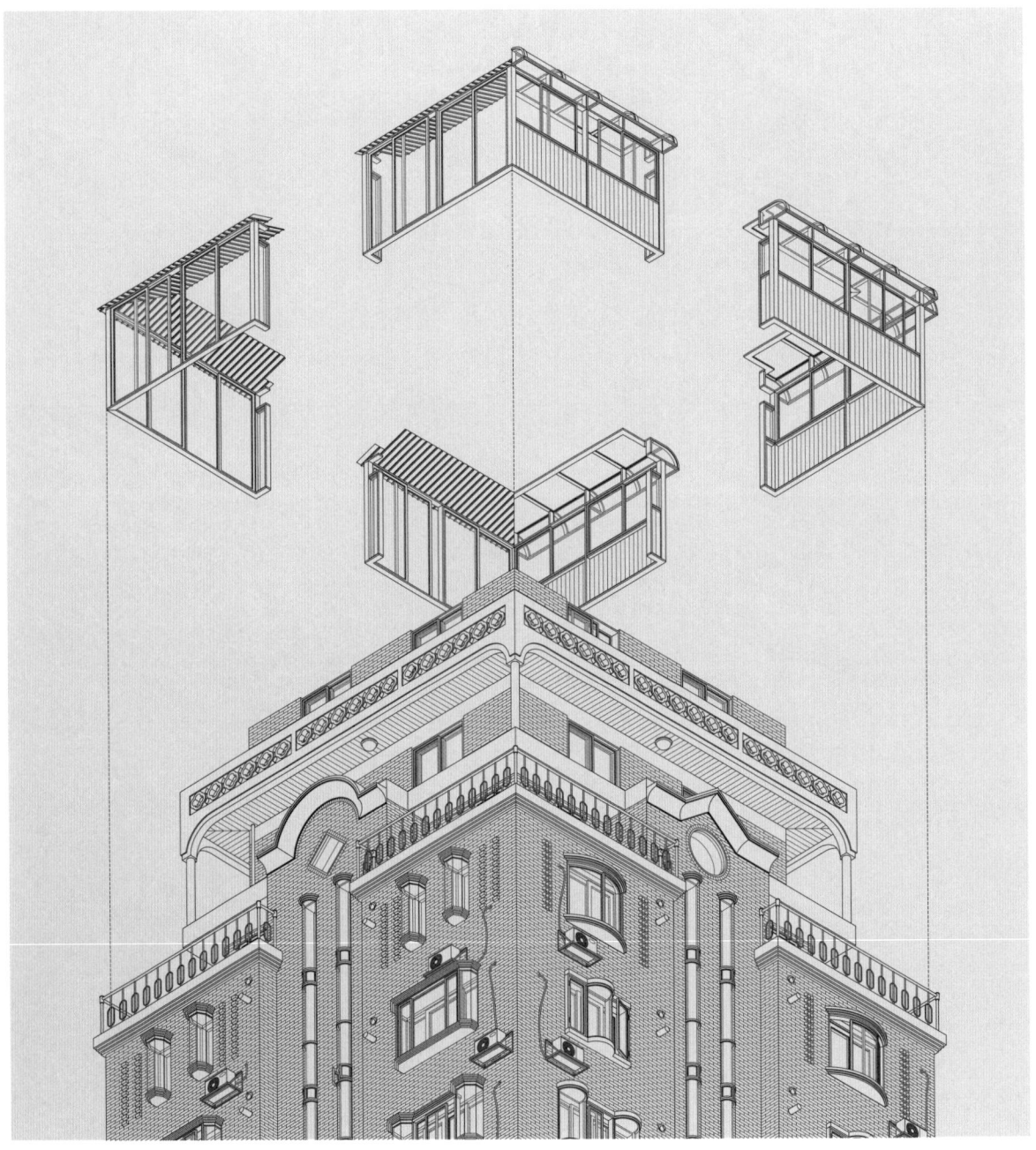

불법 확장 Illegal Extension
일조권 사선 제한으로 인해 만들어진 '계단식 베란다와 옥상'의 공간 확장은 이 땅에서 공공연하게 마주하는 불법 행위다. 돌아보면 서울에서 살았던 집 대부분에는 불법으로 확장된 공간이 있었다. 모두 창고처럼 쓰였지만, 만약 그 공간들이 없었다면 그 많던 짐들은 과연 어디로 갔을까? 그 공간들이 내 삶과 맞물려 있다는 사실 앞에서 나 역시 객관적 태도를 슬며시 내려놓을 수밖에 없었다. / 2019년 3월 15일

Log 22

슬래브집 Korean Slab House
붉은 벽돌 벽과 흰색 슬래브가 번갈아 놓이며 만들어진 띠, 돌출된 슬래브 위로 얹힌 장식 난간, 그리고 한옥 서까래를 닮은 콘크리트 구조물. 이들 모두는 '슬래브집'이라 불리는 1970~80년대 한국 다세대주택의 특징들이다. 시대를 거슬러 올라가는 타워 빌라. / 2019년 3월 20일

Log 23

디즈니랜드 Disneyland
몇 개의 단어 대신 문장 하나를 넣어 보는 첫 시도. 문맥에 따른 스케일의 변형은 '신전'을 '디즈니랜드'로 바꾸어 놓았다. / 2021년 11월 20일

Log 24

<u>슬래브 없는 슬래브집 Slab-less Slab House</u>
슬래브집의 내부 슬래브를 없애는 건축적 '말장난' / 2021년 11월 28일

Log 25

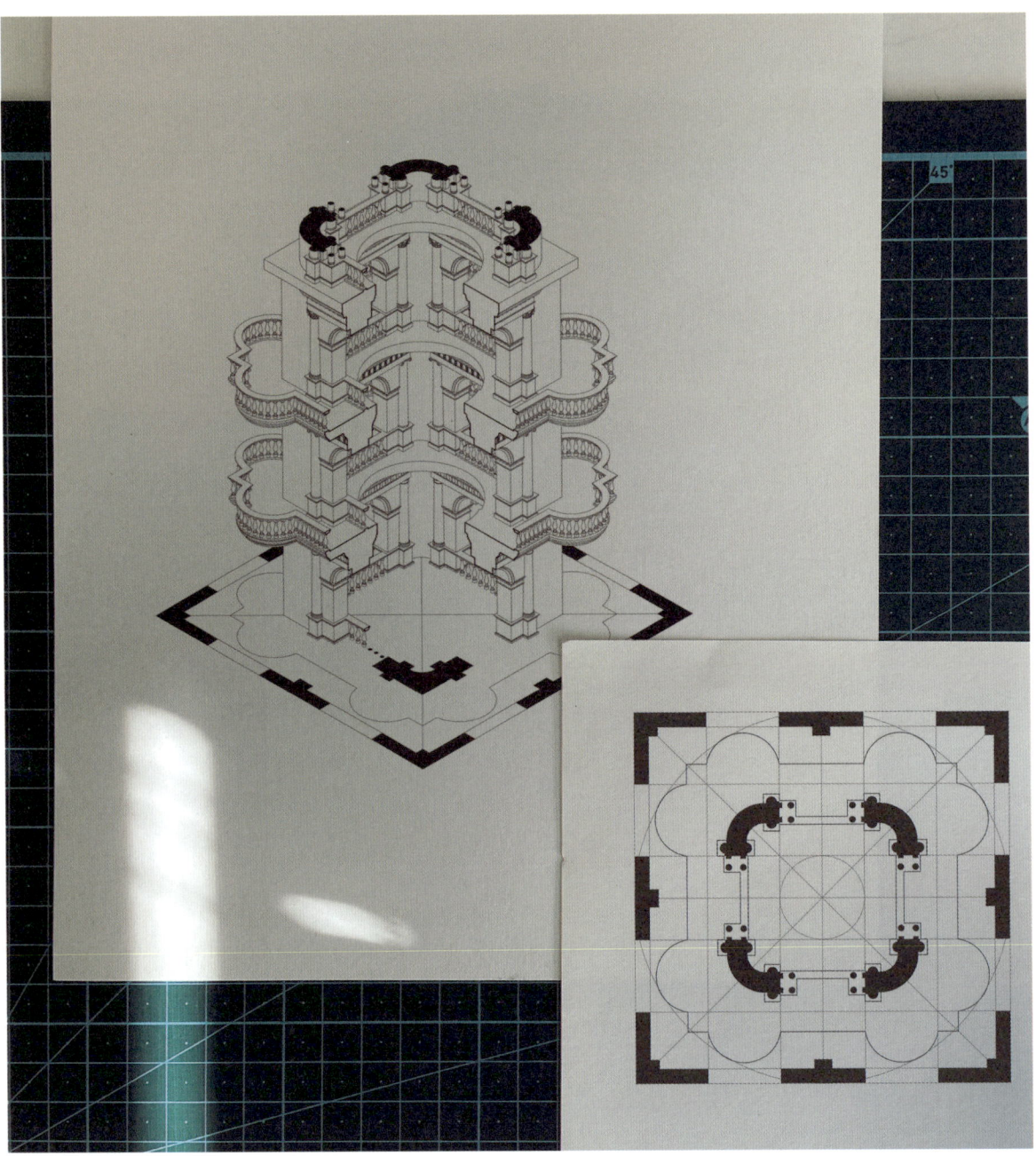

원본과 변형 The Original and its Transformation

겉과 속으로 나뉜 두 세계를 서로 대립하게 만든 뒤, 다시 그 둘을 잇기 위해 노력하는 자신을 평면 속에서 발견했다. 안에서 바깥을 향해 내민 8개의 둥근 발코니는 원본에는 존재하지 않은 것으로, 이상을 현실에 안착시키기 위한 하나의 변형이다. 정답이 존재하지 않는, 오직 개인의 해석에 의존하는 '원본에 대한 변형'은 여러 가지 생각들을 불러일으킨다. 불과 50~60년 전을 살았던 한국 건축가들의 시도, 그들이 품었던 이상과 마주했던 현실, 그리고 이 땅에 남긴 것들에 대해. / 2021년 12월 15일

Log 26

코리안 팔라디아니즘 Korean Palladianism
팔라디오풍 건축 양식을 재조합하고 변형하면서, 이른바 한국의 '집장사 집'과 '예식장 건축'이 내 손에서도 탄생할 수 있다는 사실을 목도했다. 서양 고전 건축의 규범을 결코 온전히 실행할 수 없다는 열등감은 무엇을 만들어도 흉내 내기에 머물 수밖에 없다는 자기인식으로 이어졌다. 이 열등감은 과연 언제 내 안에 자리 잡게 되었을까? (자격 없는 주체에 의한) 원본 모방이 곧 가치 하락으로 이어진다는 생각은 어떻게 주입된 것일까? / 2021년 12월 20일

Log 27

무례한 디테일 Rude Details
모서리에서 첨예하게 대립하는 정면과 측면. 밀집된 도시 환경에서 한국 빌라의 파사드가 어떻게
형성되었는지를 보여주는 장면들. 배려나 존중, 품위가 사치일 수밖에 없던 시절을 닮은 디테일. 지하철
문이 열리면 자리를 위해 모두를 밀치고 들어가는 어르신을 볼 때. 부모 세대에게 느끼는 미묘한 감정. /
2021년 3월 10일

Log 28

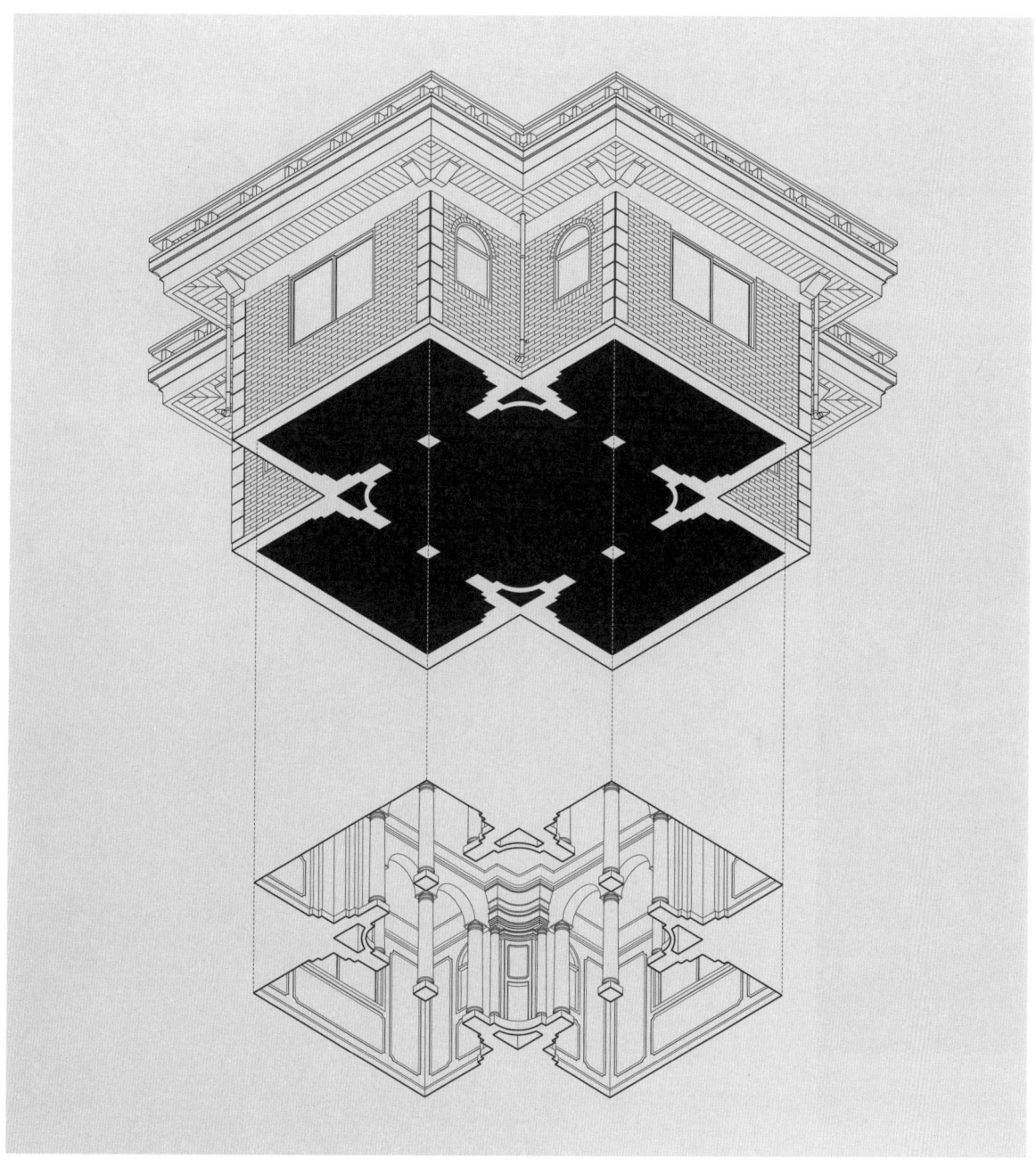

<u>루프탑과 옥탑방 Rooftop vs. Oktapbang</u>
최상층에서 십자형 평면이 재등장했다. 그 실루엣은 어쩔 수 없이 빌라 로톤다가 연상되지만, 그 공간은 여느 옥탑방 면적에 불과하다. 고급 주거의 상징처럼 작동하는 'Rooftop'은 '옥탑방'으로 번역된다. /
2021년 3월 14일

Log 29

검박한 장식들 Simple Ornaments
상층으로 갈수록 점점 좁아지는 타워에는 이제 계단과 외벽 사이의 공간마저 사라졌다. 맨해튼의 마천루처럼, 아르데코풍의 화려한 장식이 더해져야 할 것 같은 타워 꼭대기에는 평소 동네에서 흥미롭게 봐 두었던 세장한 콘크리트 루버를 달았다. 지붕에는 기와 대신 값싼 아스팔트 육각 싱글을 얹었다. /
2019년 9월 1일

Log 30

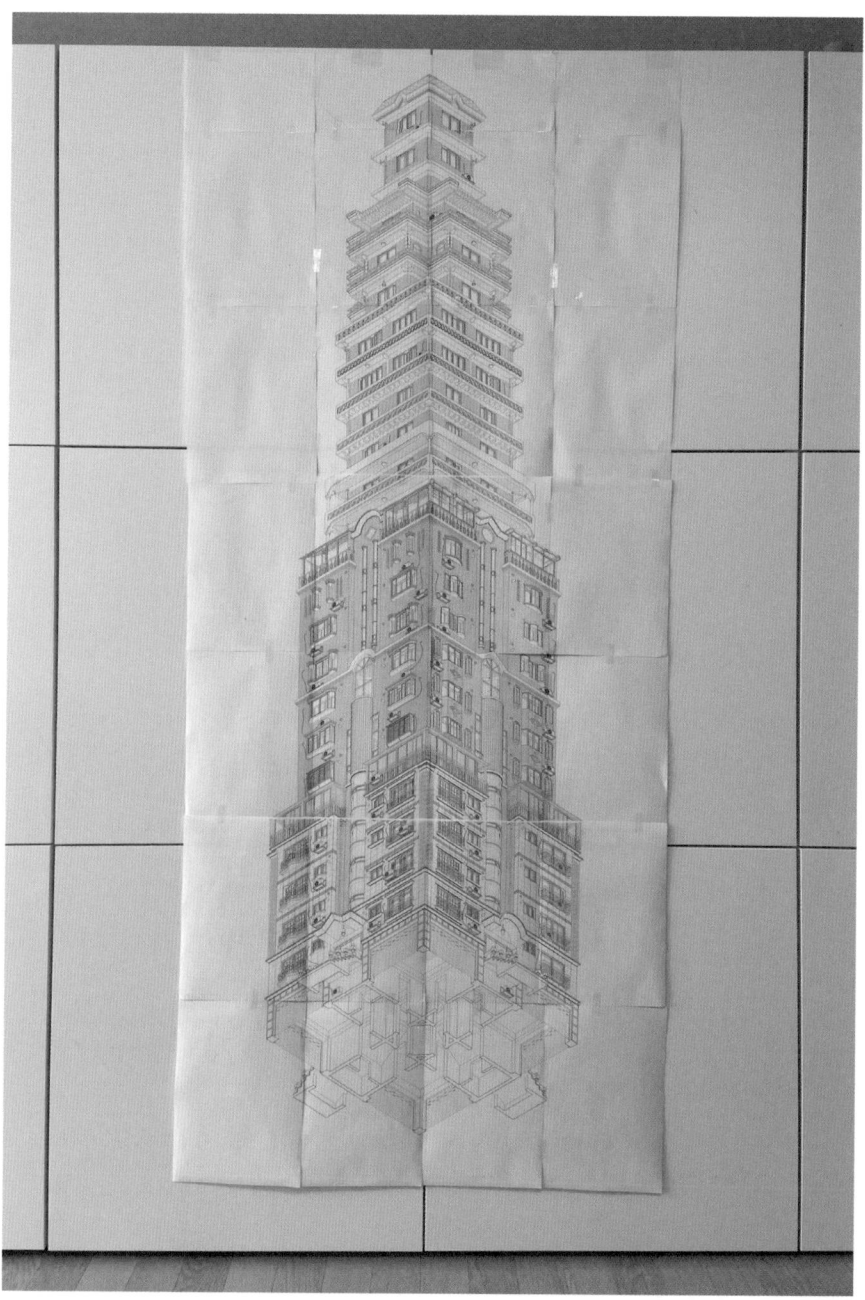

스물여덟 장의 A4 28 A4 Pages
프린터 출력 사이즈가 곧 작업의 한계가 되는 경우를 종종 경험한다. 그 한계를 벗어나기 위해 가끔 웃지 못할 시도까지 하지만 결과가 늘 만족스러운 것은 아니다. / 2020년 8월 23일

Log 31

<u>장식 타워</u> Tower of Ornaments
한국 빌라에서 '원본에 대한 변형'이 가장 두드러진 부분은 아마도 처마(Cornices)나 난간(Balustrades)의 장식일 것이다. 건축가들이 원본의 문화적 의미에 얽매여 선뜻 다루지 못했던 요소들에 한국의 집장사들은 아무런 주저 없이 개입했다. / 2019년 3월 6일

Log 32

의기소침한 도면 Discouraged Drawing
색이 없는 도면은 무미건조하다. 유리창에 그러데이션을 넣고 그림자를 드리는 사이에 의기소침함이
사라져버렸다. / 2019년 7월 20일

나선과 첨탑 Spiral & Spire

(좌) 계단은 돌고 돌아 꼭대기로 이어져야 하며 그 꼭대기에는 마땅히 전망대가 있어야 하고 그 전망대는 공공을 위해 개방되어야 한다는 무의식의 결과물. / 2020년 9월 30일

(우) 1970년대 새마을노래와 확성기, 1980~90년대 텔레비전과 가정용 위성 안테나, 1990년대 인터넷과 3G 이동통신 기지국 등 이 모든 것이 결합된 십자가 첨탑. / 2021년 2월 8일

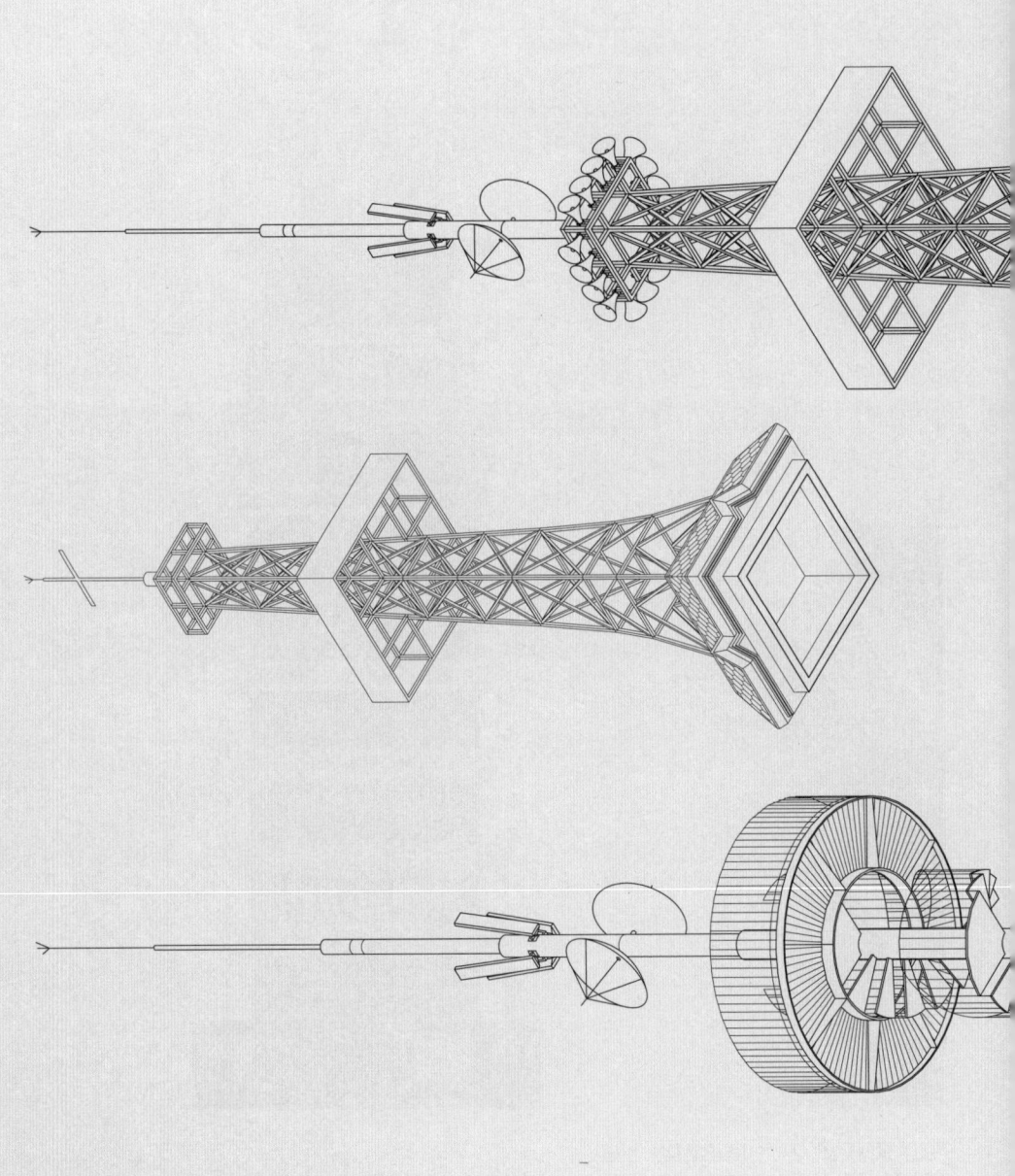

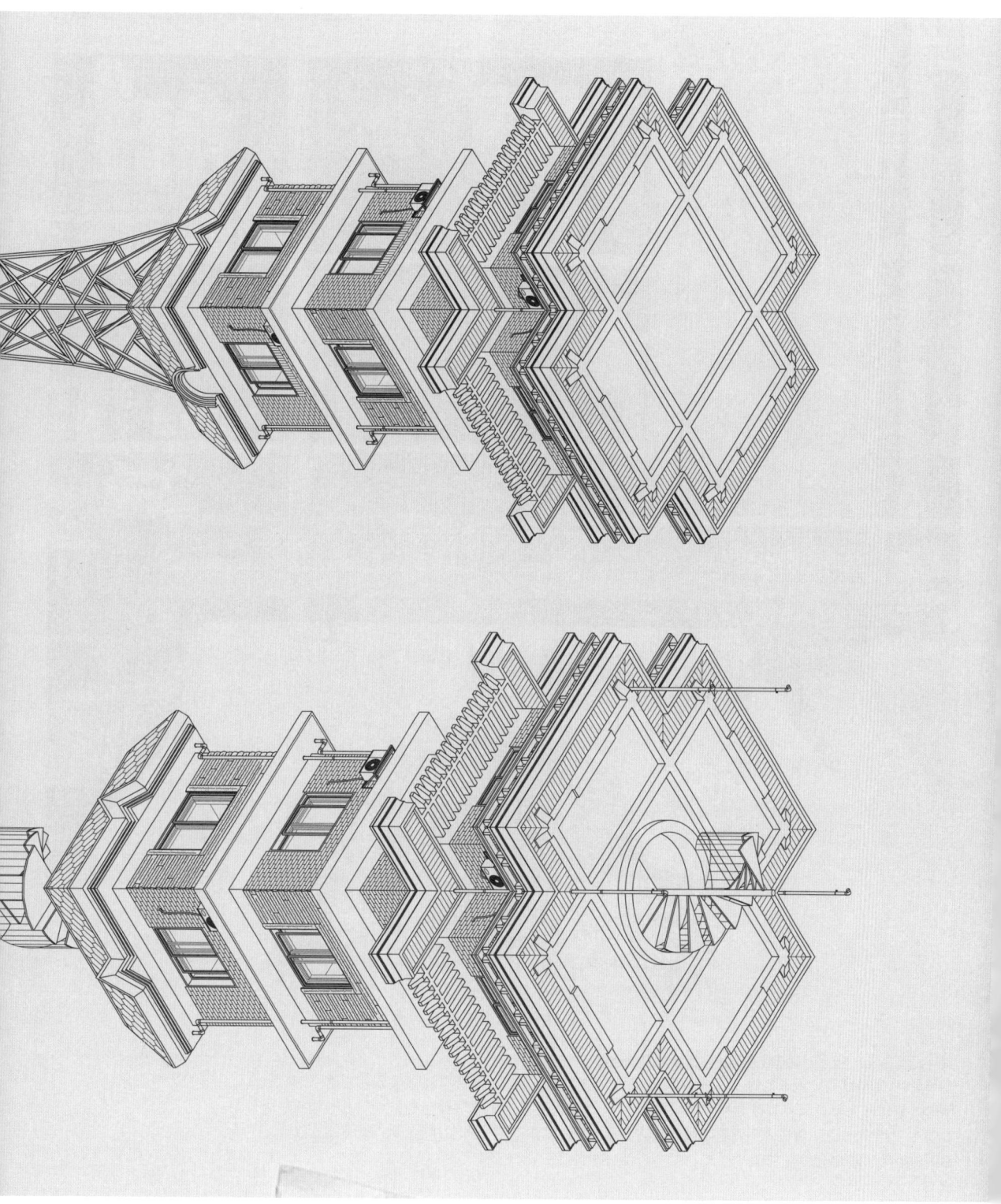

50 Logs : Tower Villa Project

Log 34

<u>집요함은 집착으로 Persistence Becomes Obsession</u>
전시 준비. 정제된 라인 드로잉이 주는 특유의 미감은 작업자의 집요함을 먹고 자랐다. 수많은 선을 레이어 별로 구분하고 그 두께를 통제하는 과정, 마우스 스크롤로 확대해 가며 끊긴 선을 이어가는 행위는 사실 누구를 위한 것도 아닌 자기만족에 불과하다. 도를 넘어선 집요함은 집착으로, 집착은 결국 스스로를 갉아먹는다. / 2021년 8월 10일

Log 35

빌라 로톤다의 귀환 The Return of Villa Rotonda
타워 빌라가 '한국 빌라'와 '빌라 로톤다'의 결합에서 출발한다는 긴 설명을 전시물에 모두 담을 수는
없었다. 관람자는 그림만을 마주할 터이니, 나는 보다 직설적인 방식으로 드로잉을 수정해야 한다는
판단에 이르렀다. 시험 인쇄를 하며 결국 필로티층 평면에 빌라 로톤다를 그대로 불러들이기로 했다. /
2021년 8월 15일

Log 36

'서울, 기록의 감각' 전 Exhibition : Senses of Documentation
계동 배렴가옥에서 열린 전시. 네 명 이상 한 공간에 머무는 것이 허용되지 않던 코로나 시기, 전시는 조용히 막을 내렸다. / 2021년 9월 30일

Log 37

<u>일관성이라는 감옥</u> The Prison of Consistency
의뢰도, 마감 기한도 없는 작업은 생계를 위한 일에 늘 밀리기 마련이다. 한참 손놓았던 작업을 다시 마주하면, 예전엔 보이지 않던 것이 보이기도 한다. 내 눈에 보인 것은 억압된 표현 방식이었다. 표현의 일관성과 그 안에서의 완결성을 추구하려는 노력은 때로 그 세계 속에 스스로를 완벽하게 가두는 결과를 초래할 수도 있다. / 2023년 6월 20일

Log 38

우아한 시체 Exquisite Corpse
작업 과정에서 만들어지고 버려지는 우아한 시체들. / 2023년 7월 10일

Log 39

라멘과 포셰 Rahmen & Poché
얇은 기둥과 보로 이루어진 라멘식 구조, 그리고 포셰를 통해 드러난 두꺼운 벽식 구조. 이 둘이 한곳에 뒤섞인 장면은 예상치 못한 흥미로움을 주었다. 그러나 완벽하지는 않았다. 프리즈(Frieze)와 보가 만나는 지점처럼 어색하게 느껴지는 부분도 있었다. 조금 더 다듬어 볼까 싶었지만 그대로 두기로 한 것은 두 세계의 충돌이 남긴 흔적이 그 나름대로 의미가 있다는 생각이 들어서였다. / 2023년 7월 28일

Log 40

<u>검은 피부 하얀 가면 Black Skin White Mask</u>
"그는 앤틸리스에서 태어났지만 보르도에서 수십 년을 살았다. 그러므로 그는 유럽인이다. 그러나 그는 까만 피부로 태어났다. 따라서 그는 흑인이다. 바로 여기에 갈등이 있다. 그는 자기 종족을 이해하지 못한다. 그러나 백인 역시 그를 이해하지 못한다. … 왜냐하면 백인은 그를 자신들과 동등한 존재로 인정하지 않았고 흑인 역시 마찬가지였으니까…" (프란츠 파농, 『검은 피부 하얀 가면』(Peau noire, masques blancs, 1952) 중에서, 이석호 역, 인간사랑) 빌라 로톤다를 만든 그들의 건축적 규범을 배우고 실천해 왔지만 결코 그들이 될 수 없음을 안다. 동시에 한국 빌라와 거리를 두려 하는 자신을 본다. / 2023년 7월 29일

Log 41

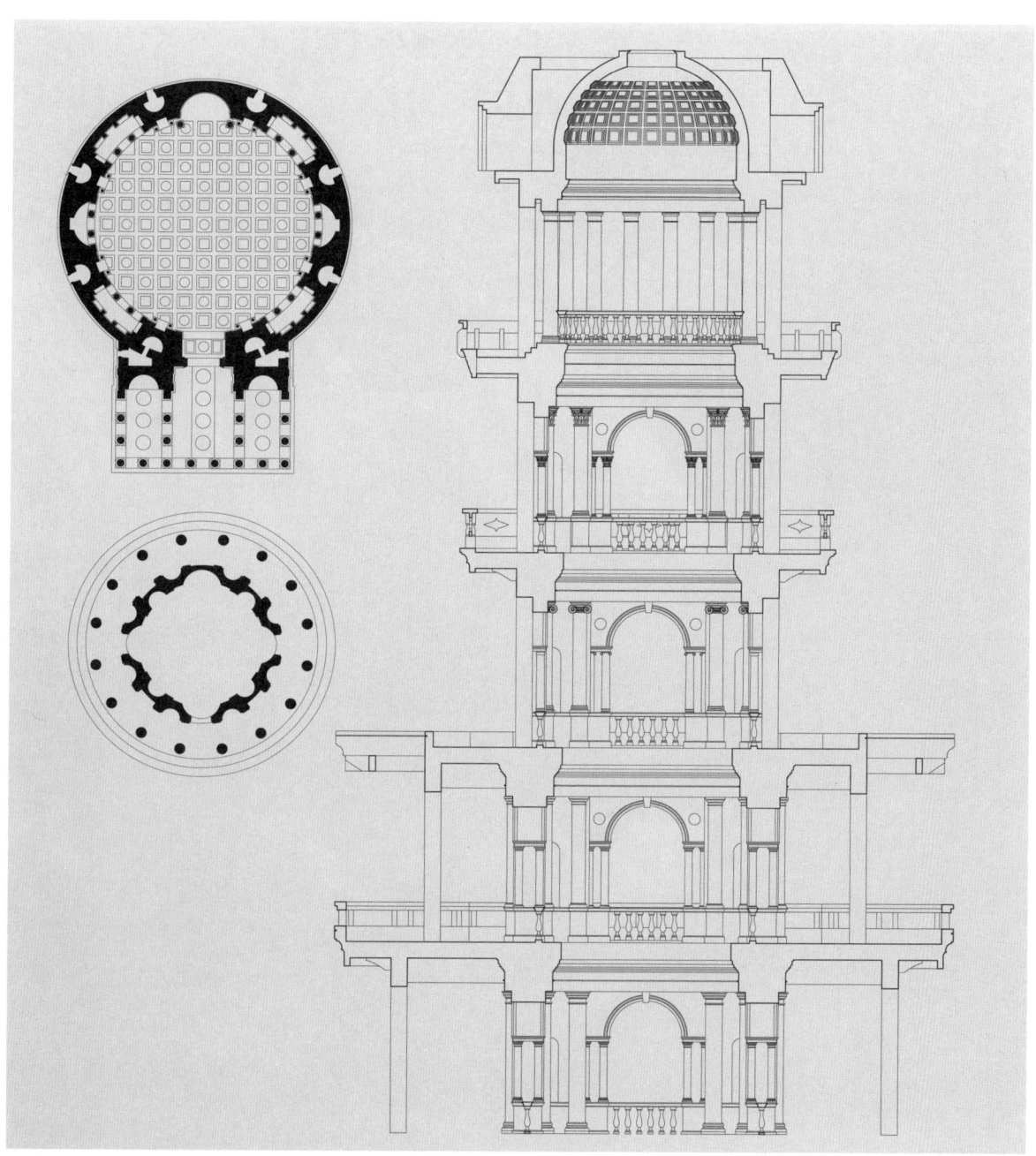

타워의 상층부 Top Section of the Tower
좁은 타워 상층부에 애써 무엇을 넣으려는 노력은 이제 무의미해 보인다. 팔라디오식 창으로 계단을 둘러싸고, 꼭대기에는 템피에토의 원형 열주를, 그 덮개로 판테온의 돔을 얹었다. 이제 오큘러스를 통해 빛과 바람이, 또 눈과 비가 들이칠 것이다. 한국적 정서와는 맞지 않는 이 구멍을 다시 새시로 막아야 할까? / 2023년 9월 3일

Log 42

자전적 렌더링 Autobiographical Rendering
렌더링이 진행되는 몇 분 동안, 여러 생각이 스쳐 갔다. 보고 자란 것과 학습한 것. 삶의 배경이 되는 현실과 직능이 바라보는 이상. 두 세계의 대립과 공존. 순수한 단일체가 아닌 다양한 것들의 혼합체. 온갖 역사적 참조물로 뒤섞인 것이 결국 나, 그리고 내가 만드는 건축이라는 생각. / 2023년 9월 4일

Log 43

일 레덴토레 Il Redentore
동네 빌라의 기둥 크기로 축소된 일 레덴토레의 벽기둥. 이 둘을 번갈아 보며 느끼는 왜곡된 스케일과 그로 인한 시각적 혼란에 결국 웃음이 터져 나온다. 웅장한 고전 건축의 파사드가 한국의 빌라 속에 끼워 맞춰진 장면은 마음속에서나마 두 세계의 위상을 전복시키고 싶은 욕망의 표현이 아닐까. / 2023년 8월 2일

Log 44

도제의 궁전 Rectangular Doge's Palace
한 문단을 통째로 가져와 삽입하는 데 베네치아 도제의 궁전을 선택했다. 이전에 작업해둔 내부를 모두 걷어내고 도제의 궁전을 정사각형 평면에 맞춰 편집하는 과정에서 또 다른 감정이 생겼다. 프로젝트는 애초 생각했던 것과 조금씩 다른 방향으로 나아가고 있다. 두 세계의 빌라를 섞은 초기 작업이 현실을 향한 조소에서 출발했지만, 나의 내면을 거쳐 대상을 향한 경외감으로 향하는 것 같다. 패러디로 시작한 프로젝트가 파스티시로 향하는 순간이다. / 2023년 9월 10일

Log 45

<u>양식의 혼종 Stylistic Hybrid</u>
도제의 궁전은 누구의 작품일까? 9세기 초 건설이 시작된 이래, 수 세기에 걸쳐 여러 차례 확장과 개조가 이루어졌기에 여러 건축가의 손이 닿을 수밖에 없었다. 팔라디오 역시 그중 한 명이다. 설계자의 경계가 모호한 만큼 건축 양식의 분류 역시 간단하지 않다. 로마네스크에서 비잔틴, 고딕, 르네상스 그리고 바로크에 이르기까지 다양한 양식이 혼합되어 있기 때문이다. 다층적으로 쌓인 이 흔적들 속에서 우리는 어디서부터가 원형이고 어디까지를 해석으로 봐야 할까? 양식의 혼종 속에서 우리는 무엇을 기준으로 '시대'를 분류할 수 있을까? / 2023년 9월 13일

Log 46

<u>흐릿해져가는 맥락</u> Blurred Context
한국의 빌라든 서양의 궁전이든, 집장사의 집이든 건축가의 작품이든, 과거의 것이든 현재의 것이든, 건축에서 다양한 참조물을 대하는 나에게 대상의 (역사적) 맥락은 점점 흐릿해지고 있다. 원본은 그 자체로 고유한 가치를 지니지만, 변형된 원본은 시대와 사회의 변화, 무엇보다 작업 주체의 해석에 따라 얼마든지 다르게 읽힐 수 있다. / 2023년 9월 24일

Log 47

<u>재해석을 재고한다</u> Rethinking Reinterpretation
믹서로 갈아 놓은 듯, 원형을 거의 떠올릴 수 없는 상태야말로 진정한 재해석의 가치를 지닌다고 배웠다. 반면, 덜 갈린 채 덩어리가 씹히는 결과물은 혹독한 평가를 받았다. 작은 형태 하나가 양식 판단의 근거가 되고, 그것이 곧 비판의 실마리가 되는 광경을 보며, 입에 씹힐 만한 모든 것을 없애버리는 것이 비판을 피하는 방법임을 학습했다. 그러나 진정한 재해석이 과연 그런 것일까? 참조한 원형의 모든 흔적을 제거하기보다는 그 흔적과 새로운 의미가 공존하도록 만드는 일은 아닐까? / 2023년 09월 26일

Log 48

<u>화해 불가라는 차이점들</u> Irreconcilable Differences
'안과 밖'에 위치한 두 세계는 이 프로젝트를 위한 설정일 뿐, 그 자체로 고정된 값은 아니었다. 두 세계의 위계는 언제든 역전될 수 있으며, 동등한 위치에서 서로를 연결하는 것도 가능하다. 하지만 두 세계를 완전히 뒤섞는 것은 불가능할지도 모른다. 어쩌면 화해 불가라는 상태 자체도 하나의 존재 방식일 수 있을 것이다. / 2023년 10월 7일

Log 49

끊어진 연대기성 Broken Chronology
한국 빌라들 사이에 다른 세계의 역사, 즉 도제의 궁전을 삽입함으로써 기존 타워 외관의 선형적
연대기성이 끊어졌다. 지금 타워의 모습은 어쩌면 나와 더 닮았다. 이쪽도 저쪽도 아닌, 혹은 이쪽도 맞고
저쪽도 맞는 불분명한 정체성인 셈이다. 그 빌라와 이 빌라의 혼합에서 시작된 타워 빌라는 이제
'궁전(Palace)'과의 결합을 통해 '타워 팰리스'를 꿈꾼다. / 2023년 10월 10일

Log 50

<u>미완성의 타워 빌라</u> Incomplete Tower Villa
이 모든 것은 끊임없이 새로운 가능성으로 확장된다. 타워의 건축 유형적 특성은 고정된 한 시점에서 타워를 마무리 지으려는 노력들을 무효화한다. 타워를 오르내릴 때마다 더해지는 불연속적인 단편들은 이 작업이 하나의 완결된 형태로 끝나는 것을 지속적으로 방해하며, 결국 타워 빌라 프로젝트는 부분들의 집합으로 남는다. / 2023년 10월 18일

권태훈은 건축을 전공하고 진아건축도시, 디자인캠프 문박 디엠피 등의 설계사무소에서 실무를 쌓았다. 2006년 제15회 김태수 장학제 수상자이며, 대한민국 건축사다. 2014년 '드로잉 리서치'를 설립하고 1950년대 이후 지어진 한국의 일상 속 건물들을 건축 도면 형식의 드로잉을 통해 읽어내는 작업을 이어가고 있다. 그 결과물로 2017년 『파사드 서울』, 2020년 『빌라 샷시』를 출판했다. 또 다른 형식의 실천을 통해 한국 건축의 동시대성을 발견하고 기록하며, 레퍼런스의 소비자가 아닌 생산자가 되기 위해 노력하고 있다.

Taehoon Kwon studied architecture and gained professional experience at architecture firms including Jina Architecture & Urbanism and Designcamp Moonpark dmp. He is a registered architect in Korea and the recipient of the 15th T. S. Kim Architectural Fellowship Award in 2006. In 2014, he founded 'Drawing Research', through which he has been documenting everyday Korean buildings constructed since the 1950s in the form of architectural drawings. This work has led to the publications *Facade Seoul* (2017) and *Villa Sash* (2020). Through alternative forms of practice, he seeks to discover and record the contemporaneity of Korean architecture and strives to become a producer—not merely a consumer—of architectural references.

우리의 생각

흔히 '건물을 짓는다'라는 제한된 의미로 건축을 정의하곤 하지만, 사실 건축가들은 다양한 방식으로 독자적인 이야기를 짓는다. 글을 쓰기도 하고, 전시를 기획하기도 하며, 다양한 리서치를 수행하기도 한다. 그리고 새로운 제품을 디자인하기도, 또 만들어 내기도 한다. 이 모든 것을 건축가들이 하는 건축 행위라 볼 수 있다.

    티키타카는 건물을 짓는 행위를 넘어 건축가들이 다양한 방식으로 이야기를 만들어 나아가는 과정에 주목한다. 건축 작품이나 그에 대한 비평이 아닌, 건축가들의 생각, 작업, 과정 등을 경쾌한 방식으로 다루며 대중과 소통하고자 한다. 나아가 건축의 외연을 확장하고 담론을 생성하며, 다양한 분야와의 협업과 소통을 열어갈 것이다.

— 티키타카는 새롭고 다양한 건축담론 플랫폼을 실험한다
— 티키타카는 일방향이 아닌 다방향의 대화를 생성한다
— 티키타카는 책장 안에 갇힌 이론이 아닌 열린 소통을 통한 건축담론을 실험한다
— 티키타카는 건축이 건물 설계 이상의 행위임을 인식하고 새로운 건축의 이야기를 만들어 나간다
— 티키타카는 건축의 외연을 확장하고 다양한 분야와의 협력을 모색한다
— 티키타카는 배우는 자세로 다양한 건축사고의 확장을 모색한다

강이룬, 강정예, 김동세, 임동우, 전진홍, 최윤희 씀

Our thinking

Most often, the practice of architecture is limited as to making buildings. However, architects tell their unique stories in multiple ways. They write, curate exhibitions, and conduct a wide range of research; moreover, architects also design and make new products. We can consider all of these activities as architectural acts.

    Tiki-taka focuses on architects' diverse methods and processes beyond the making of buildings. It further focuses on engaging the public through exploring architects' thinking, projects, and processes, beyond critiquing architecture. Moreover, Tiki-taka aims to produce and expand architectural discussions by collaborating and interacting with a wide range of disciplines.

— Tiki-taka experiments with new and diverse architectural discourses
— Tiki-taka seeks to generate multi-directional conversations
— Tiki-taka explores new architectural discussions through open dialogues
— Tiki-taka recognizes architecture beyond building architecture and creates new architectural narratives
— Tiki-taka endeavours to produce and expand architectural discussions and collaborate with a wide range of disciplines
— Tiki-taka aspires to expand the diverse architectural thinking with a learning mindset

Written by E Roon Kang, Dongsei Kim, Dongwoo Yim, Jeongye Kang, Jinhong Jeon, Yunhee Choi

---

50 로그: 타워 빌라 프로젝트

초판 1쇄 찍은날 2025 7월 3일
      펴낸날 2025 7월 15일

지은이 권태훈(드로잉 리서치)
펴낸이 강정예
펴낸곳 정예씨 출판사
주소 서울시 마포구 월드컵로29길 97
전화 070-4067-8952 팩스 02-6499-3373
이메일 book.jeongye@gmail.com

프레임워크 강이룬 서체 지원 프리텐다드(길형진)
인쇄/제작 영림인쇄

ISBN 979-11-86058-36-7
ISBN 979-11-86058-26-8 (SET)

이 책은 정예씨 출판사가 저작권자와의 계약에 따라 발행한 것이므로 본사의 서면 허락 없이는 어떠한 형태나 수단으로도 이 책의 내용을 이용하지 못합니다.
책값은 뒤표지에 있습니다. 잘못된 책은 구입처에서 교환해 드립니다.

50 Logs : Tower Villa Project
by Taehoon Kwon (Drawing Research)

Copyright ©2025 by Taehoon Kwon

All rights reserved; no part of this publication may be reproduced, stored in a retrieval system or transmitted in any form or by any means, electronic, mechanical, photocopying, recording or otherwise, without the prior written consent of the publisher.

Printed in the Republic of Korea.

Special thanks to LTL Architects, OBRA Architects, Bovenbouw Architectuur, Sam Jacob Studio, Caruso St John Architects, and Beomsik WON.

다시, 부산물 / 2025년 6월 23일

1.
에드워드 리는 『버터밀크 그래피티』에서 어떤 음식은 단순히 접시에 담긴 결과물이 아니라, 그것을 만든 이의 삶과 떼려야 뗄 수 없는 관계에 놓여 있다고 말한다. 김이 모락모락 나는 수프 한 그릇에도 셰프가 지나온 시간, 그가 겪은 문화와 기억, 정체성이 스며 있으며, 이러한 이야기를 모른 채 음식만을 평가하는 일은 그 본질을 놓치는 것이라는 그의 말을 자꾸만 곱씹게 된다. 그렇다면 건축은 어떠한가? 나의 삶은 건축을 통해 어떻게 형상화되는가? 그리고 건축은 나의 삶을 통해 어떤 의미를 획득하는가?

2.
부모가 미국으로의 이주 이후 낯선 재료로 익숙한 음식을 다시 만들어가던 경험을 에드워드 리는 회고한다. 그들은 한국 음식을 지키려 애쓰면서도 토마토, 가지, 생소한 배추와 양념 같은 현지 재료로 조리 방식을 조정해야 했다. 이 과정은 단순한 타협이 아니라, 정체성을 재구성하고 새로운 의미를 만들어내는 실천이었다. 예컨대 자마이카 칠리 파우더로 담근 김치는 전통을 그대로 재현한 결과가 아니라, 타문화와의 접촉 속에서 형성된 또 다른 전통이다. 만약 기존의 정체성과 실천이 타자성과의 접촉 속에서 해체되거나 소거되는 대신, 그 안에서 새롭게 정의된다면 (음식이 낯선 재료와의 접촉 속에서 전통을 재구성하듯) 건축도 혼종성과 번역의 과정을 거치며 스스로를 다시 구성할 수 있지 않을까? 우리는 어떤 재료로 어떻게 조리 방식을 바꿀 수 있을까?

3.
『지식인의 표상』에서 에드워드 사이드는 망명이 단순히 고향과의 철저한 단절이나 고립만을 의미하지 않는다고 말한다. 오히려 현대적 삶의 일상은 계속되지만, 옛 고향과의 연결은 "감질나게도 영원히 충족되지 않으며 매일 그 사실을 상기시키는 상황을 겪는 것"이 진짜 어려움이라는 것이다. 그래서 망명자는 완전히 새로운 환경에 녹아들지도 못하고, 옛 거처로부터도 완전히 벗어나지 못한 채 반쯤은 속해 있으면서도 반쯤은 배제된, 애매한 중간 지점에 머물게 된다. 그런 불안한 경계 속에서 지나치게 편안함이나 안전함을 느끼지 않고, 생존을 위한 처세술을 익히는 일이 중요해진다. "고향에 대한 향수와 감상에 젖으면서도 망명지의 삶을 능숙하게 모방하거나 은밀히 배제당하는" 우리는 모두 어쩌면 '건축적 망명자'라고 할 수 있지 않을까? 그렇다면, 이러한 정체성을 가진 우리에게 필요한 생존의 처세술은 무엇일까?

4.
사와라기 노이의 『일본·현대·미술』에 인용된 오카모토 다로의 글에서, 그는 유럽에서 이미 소진된 유행이나 지식을 그대로 베껴와 '유럽 체류 작품'이라 자부하는 관행을 신랄하게 비판한다. 예술은 어떤 틀이 아니라, "현실과 맞서는 것"에서 출발해야 한다는 것이다. 자신과 무관한 '저쪽'에만 현실이 있고, 우리가 선 '이쪽'에는 아무것도 없는 것처럼 행동하는 태도에서는 아무것도 나올 수 없다. 오카모토는 이 땅의 흙탕물 냄새, 고립과 분투의 체취를 있는 그대로 들고 나아가, 그것을 "위압적인 정면 대결 자세로" 저쪽과 충돌시켜야 한다고 말한다. 그렇게 할 때에만 세계는 피상적 재현이 아니라 살아 있는 마찰이 된다. 세계와 진실하게 마주 서기 위해, 오늘 우리에게 필요한 태도란 결국 어떤 모습이어야 할까?